ISSN 0021-1915

15. JAHRGANG · SEITEN 145—192 · BERLIN JUNI 1979

IPRAX 15 15 (6) 145—192 (1979) 32036

5. Kolloquium
„Technische Anwendung radioaktiver Isotope
im Berg- und Hüttenwesen“
am 13. und 14. 6. 1978 in Freiberg

6

isotopenpraxis

THEORIA CUM PRAXI

EVP 9,— M

AKADEMIE-VERLAG

An unsere Autoren

Die Zeitschrift veröffentlicht Beiträge zu folgenden Themen: Kontrolle und Analyse radioaktiver und stabiler Isotope, Anwendung radioaktiver und stabiler Isotope in allen Gebieten der Forschung und Technik, der Industrie, Landwirtschaft und Medizin, Herstellung radioaktiver und stabiler Isotope sowie von markierten Verbindungen, kernelektronische Geräte für die Isotopenanwendung (Dickenmesser, Dichtemesser u. ä.) Detektoren für isotopentechnische Arbeiten und den Strahlenschutz in Isotopenlaboratorien, Meßtechnik und Strahlenschutz, Dosimetrie in Isotopenlaboratorien, kerntechnische Geräte für die Isotopenanwendung (Betron, Bestrahlungsanlagen u. ä.), Strahlenchemie, Radiochemie, ökonomische und perspektivische Fragen, Fragen der Weiterbildung.

1. Aufnahme von Manuskripten

Zur Veröffentlichung angenommen werden nur druckreife, noch nicht anderweitig publizierte Beiträge in deutscher, englischer oder russischer Sprache zum Themenbereich der Zeitschrift und zwar

- Originalarbeiten
- Kurze Originalmitteilungen
- Aus der Praxis
- Zusammenfassende Berichte
- Tagungsberichte
- Informationen.

Sind der Beitrag oder Teile daraus bereits veröffentlicht oder ist eine anderweitige Veröffentlichung vorgesehen, so muß dies der Redaktion mit genauer Angabe der Zweitveröffentlichung mitgeteilt werden. Mit der Annahme des Manuskriptes behält sich der Verlag das Recht der Vervielfältigung, Verbreitung und Übersetzung innerhalb der gesetzlichen Schutzfrist vor. Auszugsweiser Nachdruck oder photomechanische u. a. Wiedergabe sind an eine schriftliche Genehmigung des Verlages gebunden. Manuskripte, Zeichnungen und Photos von veröffentlichten Arbeiten werden nur auf den besonderen und bis zum Zeitpunkt der Veröffentlichung mitgeteilten Wunsch des Autors zurückgesandt.

Bei der unverlangten Einreichung von Manuskripten wird empfohlen, eine Befürwortung eines der Herausgeber oder Redaktionsausschußmitglieder beizufügen.

Manuskripte sind einzureichen bei der Redaktion, 108 Berlin, Leipziger Str. 3–4.

2. Form der Manuskripte

Die Autoren werden gebeten:

2 Manuskripte, eines davon in Original-Maschinenschrift, einseitig und mit 2zeiligem Abstand einzureichen; gut leserliche Photokopien sind zulässig; auf dem 1. Blatt (unter Weglassung der Bezeichnung)

- den Titel der Arbeit
- Vorname-Initialen und Namen sämtlicher Autoren
- gegebenenfalls die Institution, in der sie tätig sind
- eine kurze Zusammenfassung der Arbeit von höchstens 15 Zeilen
- Keywords in alphabetischer Reihenfolge und
- als Fußnote die Anschrift der Institution anzugeben;

wenn möglich auf gesonderten Blättern Namen, Titel der Arbeit und Zusammenfassung in den beiden anderen obengenannten Sprachen 2fach beizufügen;

Literaturhinweise (fortlaufend numeriert), Fußnoten, Tabellen, Abbildungen (in etwa 2facher Veröffentlichungsgröße), Abbildungsunterschriften (getrennt von den Abbildungen, mit Zeichenerklärungen, Quellenangaben, falls erforderlich, und gegebenenfalls mit einem Vermerk für besondere Wünsche bezüglich der Abbildungsgröße), private und Dienstanschrift der Verfasser mit akademischen Titeln und ausgeschriebenen Vornamen auf besonderen Blättern ans Ende des Manuskriptes zu stellen;

Wünsche für den Kolumnentitel (Seitenüberschrift) bekanntzugeben;

Absätze durch Einzüge von mindestens 3 Anschlägen kenntlich zu machen; die Maßeinheiten des SI-Systems ("Systéme International") zu verwenden; Korrekturen im Manuskript unmittelbar an der zu korrigierenden Stelle anzubringen;

Formeln deutlich lesbar und möglichst groß einzutragen;

Farbabbildungen und nachträgliche Änderungen oder Ergänzungen in Abbildungen zu vermeiden;

hervorzuhebende Textstellen zu unterstreichen, und zwar halbfetten Satz mit einer geraden schwarzen Linie, kursiven Satz (Schrägschrift) mit einer blauen Wellenlinie (alle Eigennamen), Sperrungen gestrichelt;

besondere Buchstaben durch farbige Unterstreichung zu kennzeichnen, und zwar Formelzeichen in

- Griechisch-Kursiv (α, β, ...) rot,
- Kursiv (A, B, ...) blau
- halbfetter Kursiv ($\boldsymbol{A}$, $\boldsymbol{B}$, ...) 2 Linien blau (Vektoren),
- halbfetter Grotesk (**A**, **B**, ...) 2 Linien violett (Tensoren);

bei Literaturangaben auf Vollständigkeit zu achten. In nachstehender Reihenfolge müssen angegeben sein:

a) bei *Zeitschriften*: Vorname-Initialen und Namen sämtlicher Autoren, Titel der Zeitschrift (nach „Periodica Chimica" oder möglichst wenig gekürzt), Bandnummer (unterstrichen), Jahreszahl (im Klammern), Heftnummer (nur bei Zeitschriften, die jedes Heft mit S. 1 beginnen) sowie die Seitenzahl, auf der die zitierte Arbeit beginnt.

b) bei *Büchern*: Initialen der Vornamen und Name des Autors (Herausgeber werden durch den Zusatz „ed." gekennzeichnet), voll ausgeschriebener Titel des Buches in der Originalsprache, evtl. Bandnummer, voll ausgeschriebener Name des Verlages, Nummer der Auflage (außer der ersten), Erscheinungsort(e), Erscheinungsjahr (hier nicht in Klammern setzen!) und evtl. Kapitelnummer, Seitenzahl u. ä.

c) bei *Sammelbänden, Tagungsberichten*: Es soll zusätzlich der Titel des zitierten Beitrags angegeben werden. Die Seitenzahl muß unbedingt angegeben werden. Aus dem Zitat muß hervorgehen, ob es sich um einen Tagungssammelband oder um einen noch nicht veröffentlichten Vortrag handelt. Zwischen Tagungsort und Erscheinungsort des entsprechenden Tagungsberichts ist zu unterscheiden.

3. Korrekturen

Der Autor erhält zwei Umbruchabzüge, von denen einer möglichst schnell korrigiert an die Redaktion zurückgereicht werden soll. Auf Wunsch des Autors kann die Korrektur auch von der Redaktion gelesen werden.

Durch nachträgliche Manuskriptänderungen verursachte Korrekturkosten gehen, sofern sie 10% der Satzkosten übersteigen zu Lasten des Autors.,

Der Autor erhält 50 Sonderdrucke kostenlos. Weitere Sonderdrucke können bis zur Rückgabe der Korrekturabzüge auf Kosten des Autors bei der Redaktion bestellt werden.

Bezugsmöglichkeiten

Bestellungen sind zu richten

- **in der DDR** an das Zeitungsvertriebsamt; an eine Buchhandlung oder an den AKADEMIE-VERLAG, DDR-108 Berlin, Leipziger Str. 3/4
- **im sozialistischen Ausland** an eine Buchhandlung für fremdsprachige Literatur oder an den zuständigen Postzeitungsvertrieb
- **in der BRD und Westberlin** an eine Buchhandlung oder an die Auslieferungsstelle KUNST UND WISSEN, Erich Bieber, 7 Stuttgart 1, Wilhelmstr. 4–6
- **in Österreich** an den Globus-Buchvertrieb, 1201 Wien, Höchstädtplatz 3
- **in den übrigen westeuropäischen Ländern** an eine Buchhandlung oder an die Auslieferungsstelle KUNST UND WISSEN, Erich Bieber GmbH, Ch-8008 Zürich/Schweiz, Dufourstraße 51
- **im übrigen Ausland** an den Internationalen Buch- und Zeitschriftenhandel; den Buchexport, Volkseigener Außenhandelsbetrieb der Deutschen Demokratischen Republik, DDR-701 Leipzig, Postfach 160, oder an den AKADEMIE-VERLAG, DDR-108 Berlin, Leipziger Str. 3/4.

Zeitschrift „Isotopenpraxis"

Herausgeber: Im Auftrag des Akademie-Verlages herausgegeben von Prof. Dr. Justus Mühlenpfordt und Prof. Dr. Carl Friedrich Weiss

Verlag: Akademie-Verlag, DDR-108 Berlin, Leipziger Straße 3–4; Fernruf 2 23 62 21 oder 2 23 62 29; Telex-Nr. 114 420;

Bank: Staatsbank der DDR, Berlin, Kto.-Nr.: 6836-26-20712

Chefredakteur: Dr. Klaus Uhlig, Berlin

Anschrift der Redaktion (Fernruf: 6 3 51 1 77) der Zeitschrift Isotopenpraxis: Akademie-Verlag, DDR-108 Berlin, Leipziger Str. 3–4

Veröffentlicht unter der Lizenznummer 1527 des Presseamtes beim Vorsitzenden des Ministerrates der Deutschen Demokratischen Republik

Gesamtherstellung: VEB Druckerei „Thomas Müntzer", DDR-582 Bad Langensalza

Erscheinungsweise: Die Zeitschrift „Isotopenpraxis" erscheint monatlich. Die 12 Hefte eines Jahrganges bilden einen Band. Bezugspreis je Band 144,– M zuzüglich Versandspesen (Preis für die DDR 108,– M), Preis je Heft 12,– (Preis für die DDR 9,– M)

Bestellnummer dieses Heftes: 1079/15/6

AN (EDV) 12831

ISOTOPENPRAXIS ISSN 0021-1915

Band 15 (1979) Heft 6, S. 145–192

Redaktion und Verlag: Akademie-Verlag, Redaktion Isotopenpraxis, 108 Berlin, Leipziger Straße 3–4

Inhaltsverzeichnis

(Fortsetzung des Inhaltsverzeichnisses auf der 3. Umschlagseite)

ISOTOPENPRAXIS

Band 15 (1979) Heft 6, S. 145–192

Redaktion und Verlag: Akademie-Verlag, Redaktion Isotopenpraxis, 108 Berlin, Leipziger Straße 3–4

Contents

J. Holzhey

Devoelpment of the Use of Isotopes in Mining and Metallurgical Industries of the GDR within the Last 10 Years

Isotopenpraxis 15 (1979) No. 6, p. 145 to 148
– Fig. 3 Tab., – Ref.

Proceeding from the state of the use of isotopes in the mining and metallurgical industries of the GDR about 10 years ago, the development of this technique till to-day is outlined. Most progress which at the same time yielded the most economic effect has been made in further development and application of densitometric methods and with regard to the determination of content. Furthermore, the amount of level measurement through radioactive relays and of radiometric thickness gauging has significantly increased.
The tracer technique used for the investigation of various metallurgical phenomena and processes has nearly been maintaining its level.

E. Bujdosó, L. Tóth

Application of Nuclear Methods in the Hungarian Alumina Earth Industry

Isotopenpraxis 15 (1979) No. 6, p. 148 to 154
21 Fig., – Tab., 3 Ref.

The work gives a summary of nuclear experimental methods used in the Hungarian alumina earth industry. Examples are given to show the flow and distribution measurement performed on on-line instrumentation, as well as reaction-kinetic investigation conducted under laboratory conditions, directed towards the investigation of various processes in the alumina earth industry. Furthermore, analytical use of neutron activation and roentgen fluorescence methods, as well as measuring and control devices based on radiation absorption are presented.

J. Siewierski, H. Kolaski, S. Zielinski

Investigation of the Zinc Behaviour in Iron Ore Agglomeration by Means of Radioisotopes

Isotopenpraxis 15 (1979) No. 6, p. 154 to 156
5 Fig., – Tab., – Ref.

Defined portions of a mixture labelled with ^{65}ZnO has been added to the sintering material, then a zinc balance has been made by measuring the radioactivity of samples taken in different places of the sintered layer. It has been noted that in normal sintering the zinc does not escape out of the sintered layer. The labelled material rests in the very place of the agglomerate, to which it had been taken when added. It spreads only insignificantly due to the reaction with neighboured inactive mixture. Increase of fine coke up to 30 % together with reduction of the quantity of sintering air causes reducing conditions in the sintered layer, which are favourable for the convertion of ZnO into metallic zinc and, thus, for its removal from the sintering mixture. It was shown that under such conditions about 90 % of zinc can be removed from the mixture.

B. Revieńska-Koshyuk, J. Mikhalik

Use of Radioactive Indicators for Quantitative Determination of Non-Metallic Inclusions in Steel

Isotopenpraxis 15 (1979) No. 6, p. 157 to 160
– Fig., – Tab., 45 Ref.

Methods of the determination and investigation of the sources of non-metallic inclusions in steel are presented together with some results of radiometric investigations.
The experience of several years of own research in industries, as well as profound studies of world literature were used as a basis for systematic and critical discussion of used methods. Optimum methods have been

Содержание

И. Хольцей

Развитие дела применения изотопов в горном деле и в металлургической примышленности ГДР за последние 10 лет

Isotopenpraxis 15 (1979) вып. 6, стр. 145 до 148
– рис., 3 табл., – лит.

Исходя из состояния дела применения изотопов в горном деле и в металлургической промышленности ГДР 10 лет тому назад излагается развитие этой техники до сегодняшнего дня. Наиболее ощутимый прогресс с самым большим экономическим эффектом достигнут в отношении разработки и применения методов измерения плотности и определения содержания. Кроме того, количество точек измерения уровня с помощью радиоактивных реле и аппаратур для измерения толщины существенно повысилось. Примерно в одинаковой мере индикаторная техника по прежнему применяется для выявления самых различных металлургических явлений и процессов.

Е. Буйдозо, Л. Тоть

Применение ядерных методов в венгерской глиноземной промышленности

Isotopenpraxis 15 (1979) вып. 6, стр. 148 до 154
21 рис., – табл., 3 лит.

Данная работа даст полный обзор о применяемых в венгерской глиноземной промышленности экспериментальных ядерных методах. На примерах показываются выполненные на производственной аппаратуре измерения расхода и распределения, а также проведенные в лабораторных условиях реакционно-кинетические исследования, направленные на выявление различных процессов по получению глинозема. Дальше преставляются примеры применения методов нейтронной активации и рентгеновской флюоресценции для аналитических целей, а также измерительная и регулирующая аппаратура, основанная на поглощении излучения.

И. Сивирский, Х. Колаский, С. Цилинский

Исследование поведения цинка в связи с агломерацией железной руды с помощью радиоизотопов

Isotopenpraxis 15 (1979) вып. 6, стр. 154 до 156
5 рис., – табл., – лит.

К агломерационной смеси были присажены определенные порции меченой ^{65}ZnO материала, после чего последовало измерение радиоактивности взятых в разных местах спеченного слоя проб. Было установлено, что в нормальном процессе агломерации цинк не утекает из спеченного слоя. Меченый материал остается в агломерате на том месте, куда он попал в связи с присадкой. Он незначительно распространяется вследствие реакции с соседным неактивным материалом. Повышение доли коксовой мелочи до 30 % с одинаковым уменьшением количества воздуха приводит к условиям восстановления в спеченном слое, что способствует преобразование ZnO в металлический цинк и тем самым его удаление из агломерата. Было доказано, что таким образом можно удалить из агломерата примерно 90 % цинка.

Б. Ревиенска-Кожюк, И. Михалик

Применение радиоактивных индикаторов для количественного определения неметаллических включений в стали

Isotopenpraxis 15 (1979) вып. 6, стр. 157 до 160
– рис.,, – табл., 45 лит.

Представляются методы определения и исследования источников немателлических включений в стали, а также некоторые результаты радиоактивных исследований.
Опыт многолетних собственных исследований в промышленности и обширная обработка мировой литературы были использованы для систематической и критической дискуссии применяемых методов.

Die Entwicklung der Isotopenanwendung im Berg- und Hüttenwesen der DDR in den letzten 10 Jahren

J. Holzhey

(VEB Mansfeld-Kombinat „Wilhelm Pieck", Forschungsinstitut für NE-Metalle Freiberg (FNE))[1])

Ausgehend vom Stand der Isotopenanwendung im Berg- und Hüttenwesen der DDR vor etwa 10 Jahren wird die weitere Entwicklung dieser Technik bis heute dargelegt. Die größten und sich ökonomisch am stärksten niederschlagenden Fortschritte sind in der weiteren Ausarbeitung und Anwendung von Dichtemeß- und Gehaltsbestimmungsverfahren erzielt worden. Darüber hinaus ist die Zahl der Füllhöhenmessungen mit Strahlenschranken und der radiometrischen Dickenmeßeinrichtungen stark angestiegen. Die Tracertechnik wird in etwa gleichbleibendem Umfang zur Klärung der unterschiedlichsten metallurgischen Vorgänge und Prozesse genutzt.

(D22; D24) INIS DESCRIPTORS:

German Democratic Republic; metallurgy; mining; radiometric gages; tracer techniques

Auf dem 4. Kolloquium „Technische Anwendung radioaktiver Isotope im Berg- und Hüttenwesen" im Mai 1971 wurde bereits ein Überblick über den damaligen Stand der Isotopenanwendung im Industriezweig gegeben. Seinerzeit konnte festgestellt werden, daß die Isotopentechnik in Praxis und Forschung hinsichtlich der angewandten Verfahren und Methoden — nicht der Zahl der anwendenden Betriebe und Anwendungen — in relativ großer Breite Eingang gefunden hat. Tab. 1 — ohne die letzte Spalte — vergegenwärtigt nocht einmal die damalige Situation.

Bei der Anwendung umschlossener Strahlenquellen bzw. kerntechnischer Geräte dominierte zahlenmäßig die Füllhöhenmessung, vor allem in Ölbehältern, Erz- und Agglomeratbunkern und Kokillen, gefolgt von der Folien- und Kaltbanddickenmessung und der Gehaltsbestimmung. Letztere erfolgte in der Kaliindustrie auf Basis der Eigenstrahlung des ^{40}K zur K_2O-Bestimmung bei der Kaligewinnung und -verarbeitung. Die Anwendung offener Radioisotope erstreckte sich nahezu gleichmäßig über das gesamte Gebiet der Metallurgie. Sie diente der Erforschung technischer Vorgänge und Prozesse sowie der Entwicklung hydrometallurgischer Gewinnungs- und Raffinationsverfahren im Labormaßstab.

Es wurde eingeschätzt, daß noch große Möglichkeiten für eine Erweiterung der Isotopenanwendung und eine Erhöhung des daraus entspringenden volkswirtschaftlichen Nutzens vorhanden sind.

Wie hat sich die Isotopenanwendung im Berg- und Hüttenwesen der DDR in den letzten 10 Jahren entwickelt?

[1]) Anschrift: 92 Freiberg/Sa., Lessingstraße 41

Tab. 1. Industrielle Anwendung von Radioisotopen im Berg- und Hüttenwesen der DDR

Anwendung	Zahl der Anwendungen in den Jahren							
	1958	1960	1962	1964	1966	1968	1970	1975
Füllhöhenmessung mit Strahlenschranken	—	—	14	40	63	85	86	126
Skipentleerungskontrolle mit Strahlenschranken	—	—	2	3	3	3	3	3
Transportkontrolle mit Strahlenschranken	—	2	—	—	1	4	4	5
Dornwächter mit Strahlenschranken	—	—	—	—	2	2	2	2
Folien- und Kaltbanddickenmessung	2	4	11	20	21	22	23	42
Dickenmessung beim Warmwalzen	—	—	—	—	1	2	—	1
Schichtdickenmessung	—	—	1	2	3	3	5	5
Dichtemessung	—	—	—	2	—	1	—	14
Gammadefektoskopie	—	—	1	2	3	3	3	
Feuchtemessung	—	—	3	3	7	8	8	8
Gehaltsbestimmung	—	—	—	6	7	9	10	42
	2	6	32	78	111	141	144	248
Verschleiß an metallurgischen Öfen	1	3	4	3	2	2	—	—
Verschleiß an Werkzeugen	—	—	—	—	2	7	4	4
Misch- und Verteilungsvorgänge	—	—	2	6	7	3	3	2
Strömungs- und Bewegungsvorgänge	—	—	2	1	3	2	—	1
Erstarrung und Kristallisation	—	—	—	1	1	3	5	3
Stoffübergänge und -umsätze	—	—	—	—	2	2	4	7
	1	3	8	11	17	19	16	17

Der Einsatz von Isotopengeräten:

Bei der Füllhöhenmessung mit Strahlenschranken und der Dikkenmessung beim Folien- und Kaltbandwalzen ist in dieser Zeit eine Zunahme um ca. 44 bzw. 83% der im Einsatz befindlichen Geräte zu verzeichnen. Hinzu kommt, daß für die Füllhöhenmessung inzwischen Geräte zur Verfügung stehen, die den Füllstand über einen Höhenbereich von 40 m kontinuierlich anzeigen. Diese Geräte bewähren sich in der Kaliindustrie und anderen Industriezweigen gut. Die Meßanlage mit der Typenbezeichnung VA-T-69 ist vom Hersteller, dem VEB Meßelektronik „Otto Schön", Dresden (MKD), als Nachlaufeinrichtung konzipiert. Damit sind jedoch unter den vielfach extrem rauhen Einsatzbedingungen im Bergbau und in der Metallurgie oft gewisse Nachteile verbunden. Eine Anlage mit stationär angeordneten Strahlern und Detektoren ist robuster. Mit einer solchen von FNE entworfenen und gebauten Meßeinrichtung wird z. B. der Füllstand der Autoklavenpulpe in einem Entspanner über einen Höhenbereich von 0,30 bis 3,70 m zuverlässig gemessen. Es bereitet keine Schwierigkeiten, diesen Meßbereich im Bedarfsfall zu erweitern.

Für die radiometrische Dickenmessung wird jetzt von MKD das Dickenmeßgerät FMM 24004 angeboten, das sich gegenüber seinem Vorgänger, dem verbreitet bekannten VA-T-77, vor allem darin unterscheidet, daß es unter Einsatz integrierter Schaltkreise aufgebaut ist und eine Reihe von verbessernden Zusatzbaugruppen enthält. Dazu gehören u. a. eine Temperaturkompensation, eine verbesserte Linearisierung, eine digitale Direktanzeige des Meßwertes bzw. Direkteinstellung des Sollwertes. Außerdem können zu diesem Gerät ein Dichte- und ein Rückstreumeßkopf bezogen werden.

Zu erwähnen ist weiterhin die erfolgreiche Einführung der Rohrwanddickenmessung beim Rohrwalzen und die Einführung des ersten industriell gefertigten Dickenmeßgerätes für Warmwalzgut.

Die Rohrwanddickenmessung ist für Stahlrohre zwischen 90 und 160 mm Durchmesser und Wanddicken von 2,8 bis 22 mm ausgelegt. Das Rohr wird während der Messung mit 1 m/s Vorschub durch die Meßstelle befördert. Als Grundeinheit findet hierfür das Gerät FMM 24004 Verwendung.

Bei dem Dickenmeßgerät für Warmwalzgut handelt es sich um den Typ IMS 2000/3000 der Firma Exatest, Schlumberger, BRD. Der Dickenmeßbereich liegt zwischen 4 und 100 mm, wird hier aber nur zwischen 6 und 14 mm genutzt. Die ersten im Einsatz befindlich gewesenen Eigenbau(FNE)-Dickenmeßgeräte für Grobbleche (1 bis 10 mm) und Platinen (15 bis 32 mm) wurden in den Jahren 1968/1969 außer Betrieb genommen.

Bei der Erzaufbereitung und Tonerdeherstellung hat sich in den letzten Jahren die radiometrische Dichtemessung durchgesetzt. Sie erwies sich anderen Dichtemeßverfahren gegenüber prinzipiell überlegen. In Tab. 2 sind die derzeitigen Einsatzfälle zusammengestellt.

Die robuste und sehr störungsarm arbeitende Meßeinrichtung besteht aus dem Strahlkopf (FNE), dem Meßkopf mit einer Szintillationssonde 72041 (MKD) sowie dem Impulsdichtemesser 23153 (MKD).

Bei der Anwendung von Radioisotopengeräten ist weiterhin auf die beachtliche Entwicklung der schnellen Gehaltsbestimmung zum Zweck der Betriebsüberwachung und -steuerung aufmerksam zu machen. Die radiometrische Gehaltsbestimmung erfolgte bisher im Industriezweig in ständig steigendem Umfang nur für K_2O auf der Basis der Eigenstrahlung des Kaliums. In den letzten Jahren wurde darüber hinaus mit Erfolg an der kontinuierlichen Bestimmung des Zinngehaltes in Erztrüben gearbeitet. Entsprechende Meßanlagen sind seit längerer Zeit in industrieller Erprobung. Die Gehaltsmessung erfolgt durch Röntgenfluoreszenzanregung des Zinns mit einer ^{241}AmBa-Sekundärtargetquelle. Die Zinngehalte in den Trüben betragen in der Aufgabe ca. 0,1 ... 0,2% und in den Abgängen ca 0,03 bis 0,07%. Gemessen wird unmittelbar am Produktionsstrom.

Parallel zu dieser Aufgabe sind Verfahren und Geräte zur diskontinuierlichen Gehaltsbestimmung ausgearbeitet, gebaut und eingeführt worden. Einen Überblick über die bisher im betrieblichen Einsatz befindlichen Geräte dieser Art gibt Tab. 3.

Tab. 2. Technische Anwendungen der radiometrischen Dichtemessung

Produktionsbereich	Meßgut	Dichtebereich g/cm³	Meßfehler % (relativ)
Erzflotation Aufgabe	Erztrübe	1,35–1,50	±1
Erzflotation Abgänge	Erztrübe	1,30–1,40	±1
Schwimm-Sink-Verfahren	Schwertrübe	2,74	±1,5
Erzzerkleinerung, Mühlenaustrag	Erztrübe	1,20–1,45	± ca. 3
Erzklassierung, Zyklonaustrag	Erztrübe	1,35–1,50	±1
Tonerdefabrik	Aluminatdicklauge	1,35–1,40	±0,8
Tonerdefabrik	Autoklavenpulpe	1,12–1,29	±1

Tab. 3. Technische Anwendungen der radiometrischen Gehaltsbestimmung

Bezeichnung	Bestimmtes Element	Gehaltsbereich %	Matrix	Anregungsquelle	Filterpaar	Meßzeit min	Meßfehler % (relativ)
ITRA-1	Sn	0,05 ... 1	Erz	^{241}AmBa	Ag/Pd	4	±10
ITRA-1	Sn	0,1 ... 15	Schlacke aus Verblase- u. Flammofen	^{241}AmBa	Ag/Pd	4	±10
ITRA-23	Nb	0,2 ... 10	Nb-Oxid	^{241}AmPd	Y/Sr	8	< ±5
ITRA-23	Ta	0,2 ... 5	Ta-Oxid	^{57}Co	Tm/Ho	8	< ±4
ITRA-4	Cu	0,1 ... 15	Erz	^{238}Pu	Ni/Co	2	< ±4

Die Geräte sind so konzipiert, daß sie unkompliziert zu bedienen sowie weitgehend aus handelsüblichen Bauteilen aufbaubar und billig sind.

Im Rahmen der Gehaltsbestimmung sind noch einige Bemerkungen zur Entwicklung der Aktivierungsanalyse am Platze. Diese bekanntermaßen außerordentlich nützliche Analysentechnik spielte zunächst viele Jahre überwiegend als hochempfindliche Bestimmungsmethode für Spurenkonzentrationen an Elementen in den verschiedensten Stoffen eine größere Rolle. Die Durchführung solcher Analysen war an spezielle Laboratorien gebunden. Mit der Entwicklung kleinerer Bestrahlungseinrichtungen, insbesondere solcher für Neutronen, wie z.B. Neutronengeneratoren oder radioaktive Neutronenquellen wurde diese Technik auch für den industriellen Einsatz interessant. An vielen Stellen in der Welt sind heute aktivierungsanalytische Verfahren mit Neutronengeneratoren und mehr noch mit radioaktiven Neutronenquellen für Zwecke der betrieblichen Meßtechnik im Einsatz. In der Metallurgie der DDR wurden bisher Arbeiten zur schnellen Bestimmung von Al_2O_3 und SiO_2 in Bauxiten und von Fluor in Schlacken durch Aktivierung mit einer PuBe-Neutronenquelle durchgeführt. Außerdem wurde im Jahre 1974 im FNE ein Neutronengenerator installiert, mit dessen Hilfe vor allem bisher offene analytische Probleme des Industriezweiges gelöst werden sollten.

Unter diesem Gesichtspunkt wurde zunächst ein Verfahren zur Sauerstoffbestimmung in Aluminium erarbeitet. Heute ist an Al-Proben von 12 g Masse die O_2-Bestimmung bis zu 1 ppm möglich. Darüber hinaus kann bei Anwendung einer speziellen Arbeitstechnik zwischen dem Volumen- und Oberflächensauerstoff einer Probe unterschieden werden. Außer an kompakten Al-Proben ist die O_2-Bestimmung auch an Al-Folien und -Drähten möglich. Weitere Bestimmungsverfahren wurden für O_2 in Cu, Ti, Nb, Fe, Ni, Co, Te, Zr, Pb u. a. erarbeitet und angewendet.

Mit Hilfe dieser speziellen Analysentechnik ist es weiterhin gelungen, den Al_2O_3-Gehalt in Kryolith-Schmelzflußelektrolysebädern bis 1% zu bestimmen.

Die letzte Spalte von Tab. 1 verdeutlich die dargelegte positive Entwicklung.

Bei der Anwendung offener radioaktiver Isotope ist die Entwicklung nicht in dem Maße vorangeschritten wie im Falle des Einsatzes von Isotopengeräten einschließlich der instrumentellen Aktivierungsanalyse. Tab. 1 läßt das in gewissem Grade erkennen. Die Zahlen spiegeln allerdings den tatsächlichen Stand der Anwendungen nicht so exakt wider, wie das für den Einsatz von Geräten der Fall ist.

Verschleißuntersuchungen an metallurgischen Öfen fanden in den hier betrachteten Jahren nicht statt.

Auf dem Gebiet des Werkzeugverschleißes sind weitere Arbeiten an Ziehsteinen für den Drahtzug und an Preßstempeln für das Kaltfließpressen durchgeführt worden. In beiden Fällen galt es, durch Veränderung der verschiedensten Arbeitsparameter die vorteilhafteste Ziehtechnologie zu erarbeiten. Sowohl die Ziehsteine als auch die Preßstempel sind im Kernreaktor aktiviert worden. Die Preßstempel wurden zuvor zwecks Verminderung der Gesamtaktivität bis auf die Stirnfläche und Fließschulter mit neutronenabsorbierendem Material umhullt. Die Messung des Verschleißes der Ziehsteine und Preßstempel erfolgte an Hand der an dem gezogenen Draht bzw. an den Preßlingen anhaftenden radioaktiven Verschleißteilchen in einem Großflächenzählrohr.

Die Untersuchung von Misch- und Verteilungsvorgängen beschränkte sich in letzter Zeit auf Gieß- und Lunkerpulver bzw. feuerfeste Stampfgemenge, wobei einfachste und sich schon vor 15 und mehr Jahren bewährte Arbeitstechniken zur Anwendung gelangten.

Mit der Zunahme des kontinuierlichen Metallgusses stieg in den letzten Jahren auch die Zahl der Strömungs- und Erstarrungsuntersuchungen bei Gießvorgängen. So erfolgte der Einsatz von Radiotracern zur Erfassung der Schmelzsumpftiefe und -form beim Strangguß von Rohrstahl in Abhängigkeit von der Gießgeschwindigkeit und den Kühlbedingungen, zur Klärung von Strömungsvorgängen beim Breitbandgießwalzen von Aluminium, wobei eine Reihe für die Praxis unmittelbar wirksamer, außerordentlich nützlicher Ergebnisse erzielt wurden, und zur Klärung des Erstarrungsverlaufs beim Schmalbandgießen von Aluminium in Abhängigkeit von verschiedenen Arbeitstechnologien. Als Radiotracer wurde generell ^{198}Au eingesetzt, und die Endauswertung erfolgte autoradiographisch.

Ein größerer Forschungskomplex unter Anwendung der Radiotracertechnik wurde zur Klärung von Stoffübergängen und -umsätzen bearbeitet. Es erfolgten hier

- Untersuchungen über die Verteilung des Kupfers und einiger Verunreinigungselemente wie Zn, Fe und S aus verschiedenen Einsatzstoffen bei deren Verhüttung in Schachtöfen auf die Komponenten Rohstein, Schlacke und Abgas.
- Untersuchungen über die Durchlaufgeschwindigkeit verschiedener Einsatzstoffe durch den Schachtofen.
- Untersuchungen über die Verteilung der Elemente Sb, As und Te im Schrottkonverter, Rohsteinkonverter und beim Raffinationsprozeß im Flammofen.
- Untersuchungen über die Strömung des Elektrolyten und die Verteilung von Elektrolytkomponenten bei der Kupferelektrolyse.

Im gleichen Anwendungsbereich wurden außerdem Arbeiten zur Verbesserung der Reinheit von Stählen durchgeführt, die zunächst darauf gerichtet waren, den Einfluß der Desoxydation sowie des Zwischenpfannenmörtels auf die Verunreinigung von Rohrstahl zu untersuchen.

An Arbeiten in großtechnischem Maßstab sei schließlich die radioaktive Markierung spezieller Stahlchargen erwähnt, die allerdings nur über begrenzte Zeiten zum Beispiel zur Beantwortung vor allem transportorganisatorischer Fragen anwendbar ist. Die Markierungen erfolgten mit ^{192}Ir, wobei die markierten Chargen über einen Zeitraum von 6 Wochen, und mit ^{198}Au und ^{99}Mo, wobei die Chargen nur 2 bis 5 Tage lang verfolgt werden mußten.

Eine große Zahl von Untersuchungen mit Hilfe von Radiotracern ist im Labormaßstab durchgeführt worden. Vor allem handelte es sich dabei um die Entwicklung effektiver Trenn und Reinigungsverfahren für Platinmetalle und für die Tonerdegewinnung.

Bei der Entwicklung von Verfahren zur Platinmetalltrennung und -reinigung stand die Trennung reiner Platinmetallgemische und die Reinigung von Platin- bzw. Platin-Rhodium-Lösungen im Vordergrund. Es wurden sowohl Ionenaustausch- als auch Flüssig-Flüssig-Extraktionsverfahren und die Hydrolyse untersucht. Ergebnisse dieser Arbeiten sind u. a. ein neues Reinigungsverfahren für Platin- und Platin-Rhodium-Lösungen auf der Grundlage des Ionenaustausches und ein verbessertes Verfahren zur Platin-Rhodium-Trennung durch Hydrolysefällung.

Auf dem Gebiet der Tonerdegewinnung wurden im wesentlichen folgende Aufgaben behandelt:

- Klärung des Verhaltens von Eisen bei Kristallisations- und Waschprozessen von Aluminiumchlorid.
- Optimierung der extraktiven Abtrennung von Verunreinigungselementen wie Eisen, Vanadium, Molybdän, Wolfram u. a. Elemente aus salzsauren Aufschluß- und Waschlösungen.

– Ausarbeitung von Verfahren zur effektiveren Gewinnung von Vanadium und Gallium aus Bayerlösungen.

Weitere Arbeiten wurden auf den Gebieten Kupferelektrolyse, Nickelelektrolyse und der Entwicklung von Analysenverfahren durchgeführt.

Versucht man, eine Einschätzung der Entwicklung der Isotopenanwendung im Berg- und Hüttenwesen der DDR in den letzten etwa 10 Jahren vorzunehmen, dann kann zunächst allgemein festgestellt werden, daß ein weiterer Fortschritt unverkennbar ist. Er ist am größten bei der Anwendung kerntechnischer Geräte zur Betriebskontrolle und -steuerung einschließlich der instrumentellen Aktivierungsanalyse. Der Hauptteil der Zunahme an eingesetzten Geräten liegt dabei vor allem bei Betrieben, die diese Technik seit langem nutzen und ihre Vorteile und in gewissem Umfang auch ihre Möglichkeiten und Grenzen kennen. Vielfach fehlt trotzdem auch hier noch eine vorausschauende Bedarfseinschätzung seitens der Betriebe.

Spürbare Erschwernisse in der im Prinzip möglichen schnelleren und umfassenderen Einführung kerntechnischer Kontroll- und Steuergeräte sind neben der Zurückhaltung einiger Betriebe eine zu geringe Kapazität und ein zu enges Sortiment unserer kerntechnischen Geräteindustrie und auch die Tatsache, daß viele Anwendungen vor allem auf Grund der doch recht begrenzten Größe unseres Berg- und Hüttenwesens spezielle Einzelfälle darstellen, die naturgemäß einen höheren Aufwand für die Lösung und Realisierung erfordern als der Einsatz von Seriengeräten und einige andere Faktoren.

Der Tracertechnik im industriellen Maßstab fehlt trotz vorhandener Möglichkeiten jedliche Kontinuität. Von wenigen Ausnahmen abgesehen kommen entsprechende und oft sehr nützliche Arbeiten erst zustande, wenn plötzlich betriebliche Probleme auftreten. Es ist durchaus denkbar, diesen spontanen Anteil zu Gunsten eines größeren Anteils systematisch angelegter Arbeiten zu reduzieren. Eine schwerwiegende Einengung in der schnellen Lösung derartiger Aufgaben ist die in letzter Zeit entstandene Schwerfälligkeit in der Beschaffung verschiedener radioaktiver Isotope.

Im Gegensatz zu den Traceranwendungen in der Industrie laufen die Laborarbeiten in der Regel weitaus systematischer.

Zum stets im Vordergrund stehenden, aber in Fachbeiträgen meist unerwähnten Strahlenschutz ist schließlich zu bemerken, daß die Strahlenbelastung der unmittelbaren Bearbeiter, von ganz wenigen Ausnahmen abgesehen, und der mitwirkenden Betriebsangehörigen stets weit unter der zulässigen Dosis blieb, ein Zeichen für die Sorgfalt bei der Ausarbeitung, Vorbereitung und den Einsatz radiometrischer Verfahren und Methoden. Unerwartete Strahlerverbreitungen traten nicht auf. Das Verständnis für während bestimmter Arbeiten notwendige Einschränkungen und die Disziplin der an der Durchführung direkt und indirekt Beteiligten waren gut. Schwierigkeiten bereiteten zu einem kleinen Teil Sicherheitsfachkräfte oder Strahlenschutzbeauftragte einzelner Betriebe in Form übergroßer Vorsicht und ungerechtfertigter Forderungen, sicherlich aber nur aus unzureichender Sachkenntnis.

Eingegangen am 31. 10. 1978

Anwendung nuklearer Verfahren in der ungarischen Tonerdeindustrie

E. Bujdosó, L. Tóth

(ALUTERV-FKI, Forschungs-, Entwurfs- und General-Auftragnehmer-Zentrale der Ungarischen Aluminiumwerke Budapest, UVR)[1])

Der Beitrag gibt einen zusammenfassenden Überblick über die in der ungarischen Tonerdeindustrie verwendeten nuklearen Versuchsmethoden.
Anhand von Beispielen werden die an Betriebsapparaturen durchgeführten Durchlauf- und Verteilungsmessungen sowie die unter Laborbedingungen vorgenommenen reaktionskinetischen Untersuchungen, die auf die Klärung verschiedener Prozesse der Tonerdeherstellung gerichtet waren, veranschaulicht.
Weiterhin werden analytische Anwendungen der Neutronenaktivierungs- und Röntgenfluoreszenzmethode sowie Meß- und Regelungseinrichtungen, die auf der Strahlenabsorption beruhen, bekanntgemacht.

(D22; D24) INIS DESCRIPTORS:

chemical reaction kinetics; clays; Hungary; industry; neutron activation analysis; radiometric gages; spatial distribution; time dependence; tracer techniques; X-ray fluorescence analysis

Einleitung

Der hohe wissenschaftliche und technische Stand eines Industriezweiges setzt die Anwendung moderner Methoden sowohl in der Forschung als auch bei der Erzeugung voraus. Die Radioisotopentechnik war eine jener Methoden, die in der wissenschaftlichen und angewandten Forschung unserer Epoche einen revolutionären Aufschwung brachten.

In Ungarn wurde, unter den ersten in der Welt, im Jahre 1956 mit der Anwendung radioaktiver Isotope zur Bestimmung der Metallmenge in den Elektrolysezellen begonnen [1]. Kurz danach begann auch in der Tonerdeindustrie eine ausgedehnte Anwendung, die bis heute im Gange ist. Der vorliegende Beitrag soll einen Überblick über die Erfolge von nahezu zwanzig Jahren Isotopenanwendung geben und die typischsten Anwendungen anhand je eines herausgegriffenen Beispiels zeigen.

Die wichtigsten Gebiete der Isotopenanwendung in der ungarischen Tonerdeindustrie sind:

1. Verweilzeit- und Vermischungsmessungen im Betrieb
2. reaktionskinetische Untersuchungen im Labor
3. analytische Anwendungen
4. Dichtemessung und -regelung
5. Absetzstudien

[1]) Anschrift: Budapest XI, Fehervari ut. 144 (UVR)

1. Verweilzeit- und Vermischungsmessungen

Bei kontinuierlich betriebenen Anlagen hängt das Erreichen des erwünschten Effektes von der Vermischung und der Verweilzeit des Materials im jeweiligen Aggregat ab. Besonders wichtig ist die Kenntnis dieser Werte im Tonerdebetrieb, wo sich zahlreiche in Reihenschaltung kontinuierlich arbeitende Behältersysteme befinden. Die Markierung bestimmter Komponenten mit Radioisotopen ermöglicht auch die Verfolgung der in diesen Systemen strömenden Medien äußerst großer Volumina.

Das Meßprinzip für einen derartigen Fall ist in Abb. 1 dargestellt. In das System wird impulsartig ein in entsprechender chemischer Form befindliches Radioisotop eingeführt und dann die Fortbewegung der Aktivitätswelle an bestimmten Stellen des Systems gemessen. Dies kann entweder mit Hilfe von an die Rohrleitungen montierten Detektoren oder durch Probennahme und Ermittlung der Probenaktivitäten erfolgen.

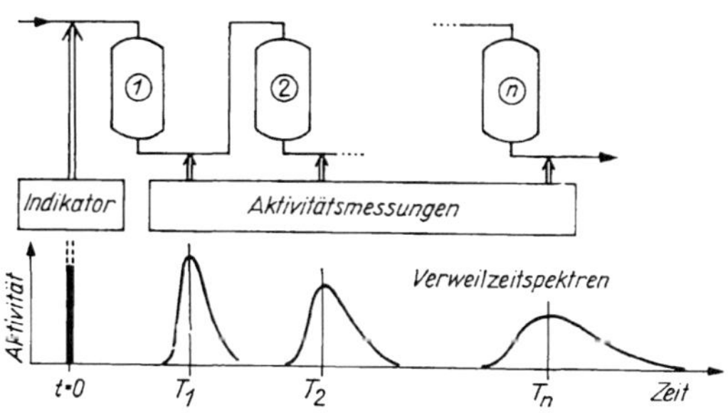

Abb. 1. Prinzip der Verweilzeit- und Vermischungsmessungen

Die wichtigsten Einflußgrößen auf die Verteilungsfunktion sind die mittlere Verweilzeit, die Materialzurückhaltung – meist als „hold back" bezeichnet – und das sog. tote Volumen. Außerdem gibt es noch weitere charakteristische Einflußgrößen höherer Ordnung. Diese ergeben zahlreiche wertvolle Aufschlüsse über das System.

Aus der Verteilungsfunktion kann ein Strömungsmodell abgeleitet werden (Abb. 2), dessen Elemente folgende sind: Kurzschluß, Idealvermischung oder Kolbenströmung, totes Volumen,

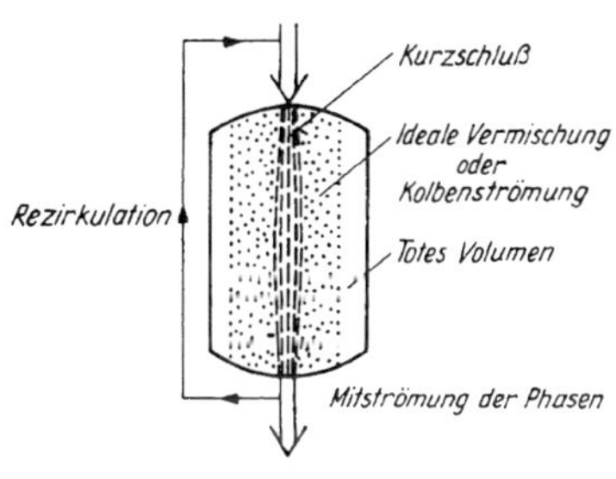

Abb. 2. Elemente des Strömungsmodells

Rezirkulation oder, zum Beispiel bei Simultanmarkierung von fester und flüssiger Phase, die Mitströmung der Phasen. Mittels linearer und paralleler Kombinationen dieser Elemente kann man ein Modell konstruieren, das die gleiche Responsefunktion ergibt, wie das System selbst. Als Beispiel sind in Abb. 3 die Verweilzeitspektren der zum Bauxitaufschluß dienenden, aus 11 Autoklaven mit je 33 m³ Inhalt bestehenden Autoklavenbatterie, wiedergegeben. Markiert wurde hier der Rotschlamm mit ^{59}Fe.

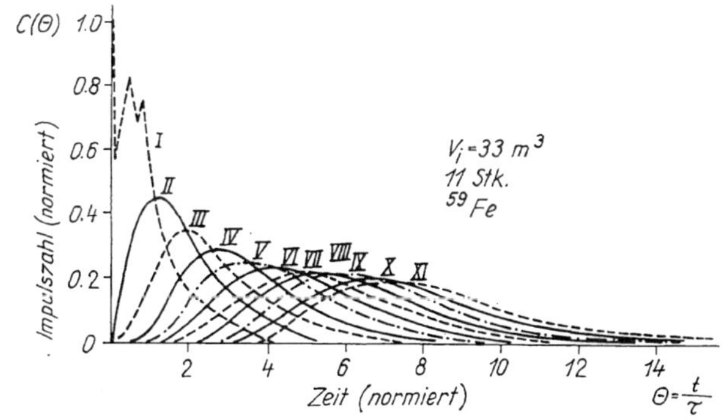

Abb. 3. Verweilzeitmessungen an Autoklavenbatterien

Abb. 4 zeigt die Aktivitätsverteilung von Hydratproben in den Behältern Nr. 4 bis Nr. 10 eines zur Aluminiumhydroxid-Ausrührung dienenden, aus 18 Behältern mit je 950 m³ Inhalt bestehenden Behältersystems. Das Tonerdehydrat wurde mit dem Radioisotop ^{110m}Ag, die Aluminatlauge mit ^{32}P gleichzeitig markiert.

Die wellenförmige Aktivitätsverteilung in dem aus dem Ableitungsrohr des letzten Behälters entnommenen Hydratproben deutet auf das Erscheinen des zurückgeführten Impfhydrates hin, das nach der vierten Rezirkulation bereits praktisch gleichmäßig im ganzen Behältersystem vermischt ist (Abb. 5). Der Austrag des Impfhydrates weist laut Abb. 6 (halblogarithmischer Maßstab), ähnlich wie der radioaktive Zerfall, einen exponentiellen Verlauf auf. Somit kann die Verweilzeit der Impfhydratkeime im System, also ihre durchschnittliche Aufenthaltsdauer, bestimmt werden.

Die Messungen der Verweilzeit und der Vermischung ließen die Arbeitsparameter des Systems erkennen. Des weiteren wurden die Meßergebnisse zur Festlegung der optimalen Behälterzahl und des besten Rührwerktyps verwendet.

Auch die Funktion der Einkammer- und Mehrkammer-Eindicker wurde unter Anwendung der Markierungsmethode untersucht. Zweck der Untersuchung war die Bestimmung der Verweilzeit und die Prüfung der in den Eindickern ablaufenden Vermischungsprozesse zur Verminderung der Hydrolyse beziehungsweise zum Erreichen einer möglichst hohen Feststoffkonzentration. Als Beispiel wird das Ergebnis der Messungen in einem Eindicker mit 35 m Durchmesser gezeigt, die mit einer Doppelmarkierung durchgeführt wurden. Das Schema des Einkammer-Eindickers und die Zugabestelle des Indikators sind aus Abb. 7 ersichtlich. In Abb. 8 sind die errechneten Verweilzeitspektren für die Klarlauge im Überlauf sowie den Rotschlamm und die Lauge im Unterlauf zu sehen. Die Verweilzeiten der Rotschlammkörnchen und der Lauge der im Unterlauf wegfließenden Rotschlammtrübe sind verschieden, wie aus den Verweilzeitspektren zu erkennen ist. Ebenso erscheinen im Verweilzeitspektrum der im Überlauf wegfließenden Klarlauge zwei Komponenten (Abb. 9), was in der logarithmischen Darstellung als schnelle und langsame Komponente bezeichnet ist. Das Zurückbleiben der Lauge gegenüber den Rotschlammkörnchen (siehe Abb. 8) sowie die hier erscheinende langsame Komponente werden auf die Einwirkung der infolge des Zerfalls der gebildeten Flocken aufwärtsströmenden Lauge zurückgeführt.

Diese Betriebsmessungen sowie weitere nachfolgend beschriebene Untersuchungen mit Hilfe einer Versuchsanordnung für Sedimentationsexperimente auf Strahlenabsorptionsbasis führten neben den verfahrenstechnischen Ergebnissen zur Ausarbeitung eines Absetzmodells für kompressible Trüben [2].

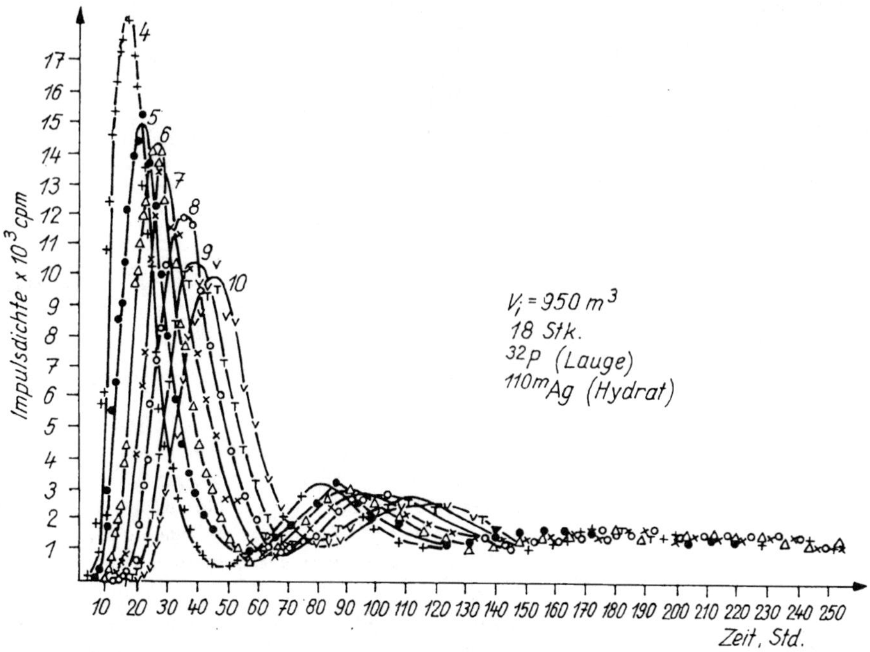

Abb. 4. Aktivitätsverteilung von Hydratproben der Ausrührkaskade(vom 4. – 10. Gefäß)

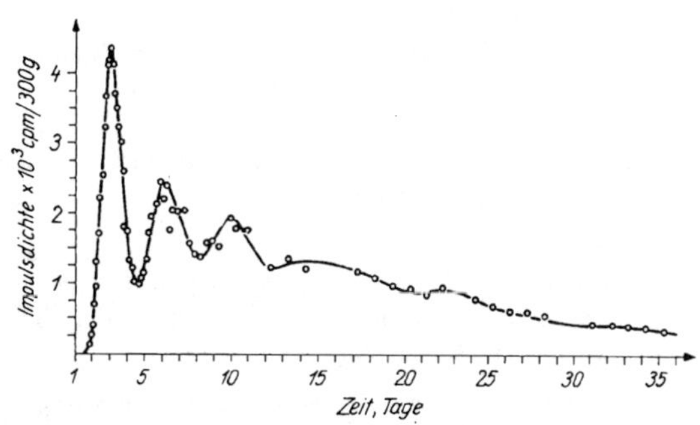

Abb. 5. Rezirkulation des Hydrats in der Ausrührkaskade

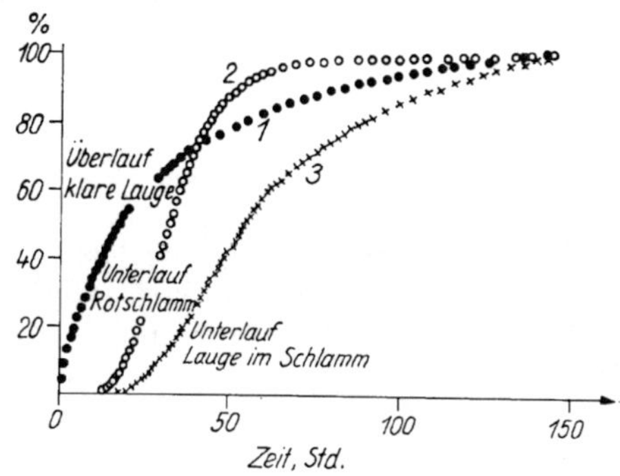

Abb. 8. Verteilungsfunktionen eines Eindickers

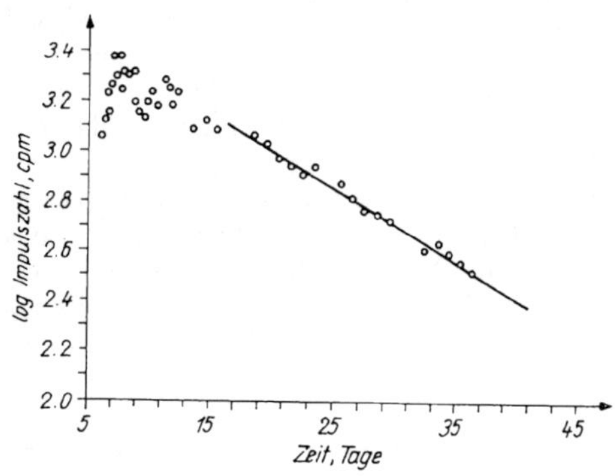

Abb. 6. Aufenthaltsdauer des Impfhydrats im System

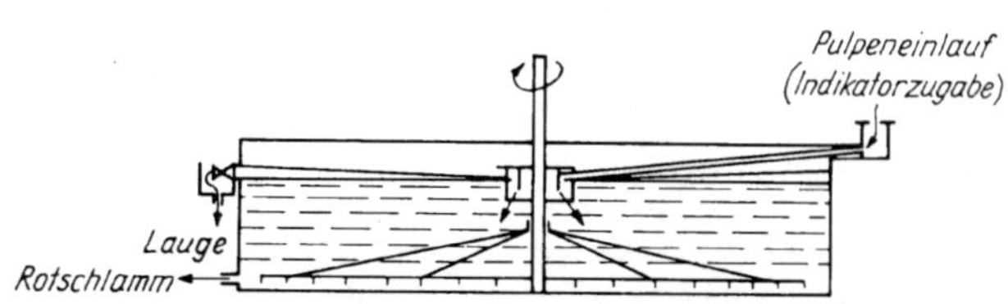

Abb. 7. Schema des DORR-Eindickers

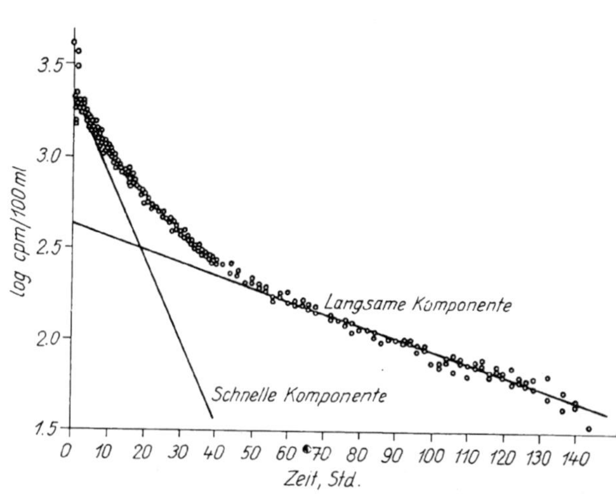

Abb. 9. Verweilzeit der Klarlauge

2. Reaktionskinetische Untersuchungen

Die Weiterentwicklung beziehungsweise Verfeinerung der Technologie erfordert die detaillierte Prüfung der während der Produktion ablaufenden Prozesse und der entstandenen Produkte. Bei der Labormodellierung von Prozessen der Tonerdeerzeugung kann durch Markierung der an den Reaktionen beteiligten Komponenten der Zeitablauf der jeweiligen Reaktion sowie die Verteilung der Komponenten auf die einzelnen Phasen bestimmt werden. Die Schritte der Untersuchung sind der Indikatoreinbau, die Trennung der Reaktionsprodukte und ihre Aktivitätsmessung.

Der Vorteil der Tracermethode ist, daß die chemische Analyse auf eine Aktivitätsmessung reduziert wird und daß die Empfindlichkeit von der spezifischen Aktivität des angewandten Radioisotops abhängig und manchmal mehrere Größenordnungen besser als die der chemischen Analyse ist.

Erfolgt zum Beispiel der Aufschluß des Bauxits mittels Lauge, die mit dem Radioisotop ^{24}Na markiert wurde, so wird dieses in die während des Aufschlusses entstehenden Verbindungen eingebaut. Wird der gewonnene Rotschlamm stufenweise gewaschen (Abb. 10) und die Aktivität der Waschlösungen gemessen,

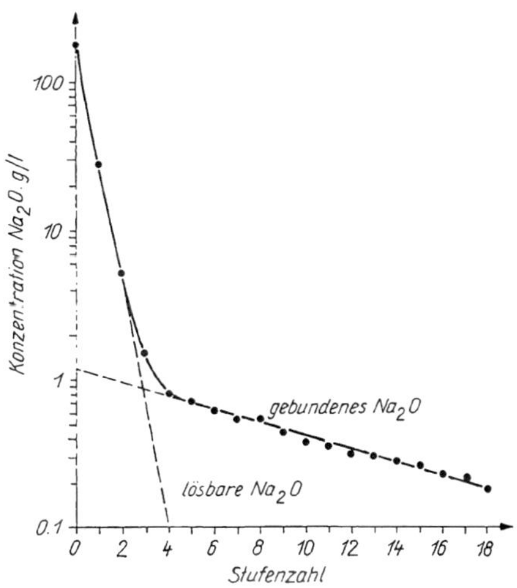

Abb. 10. Stufenweises Waschen von Rotschlamm

dann erhalten wir als Funktion der Waschstufen eine in zwei Komponenten aufteilbare Waschkurve. (Die Impulsrate kann natürlich auch auf g Na_2O/l umgerechnet werden.) Die schnelle Komponente stammt vom Ausspülen der zwischen den Körnchen befindlichen Lauge; das Auflösen des an die Natrium-Aluminium-Hydrosilikate gebundenen Na_2O-Gehaltes erfolgt parallel dazu in einem langsameren Prozeß. Die Rückgewinnung des Na_2O kann durch Kalkzugabe begünstigt werden. Dieser Prozeß wird als Kaustifikation bezeichnet. Die Rückgewinnung des Na_2O beim Aufschluß wurde mittels des in die einzelnen Natrium-Aluminium-Hydrosilikate eingebautem Radioisotops ^{24}Na überwacht (Abb. 11). Aus den Kurven ist ersichtlich, daß der Na_2O-Gehalt aus dem Kankrinit bis zu 98% und aus dem Chlorsodalit nur bis zu 10% zurückgewonnen werden kann. Auf Grund der Untersuchungen soll der Aufschluß zur Kaustifikation zum Beispiel so gesteuert werden, daß hauptsächlich Krankrinit entsteht, was gegenüber den anderen Verbindungen die beste Ausbeute bei der Natronrückgewinnung ermöglicht.

3. Analytische Anwendungen

Die nuklearen Analysenverfahren ermöglichen einesteils eine größere Empfindlichkeit als die chemische Analyse, anderenteils eine schnellere Prüfung, z. B. wenn man sich mit einer geringe-

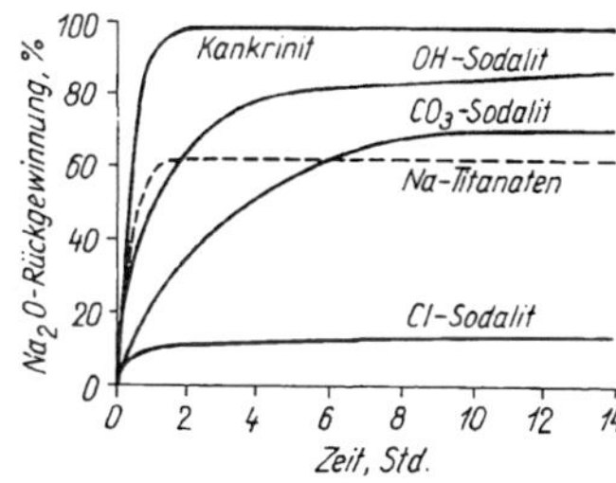

Abb. 11. Wirksamkeit der Kaustifizierung

ren Empfindlichkeit begnügt. Die Anwendung der nuklearen Methoden in der Analysentechnik der Tonerdeindustrie kann in zwei Gruppen geteilt werden:

a) Aktivierungsanalyse
b) Röntgenfluoreszenzanalyse

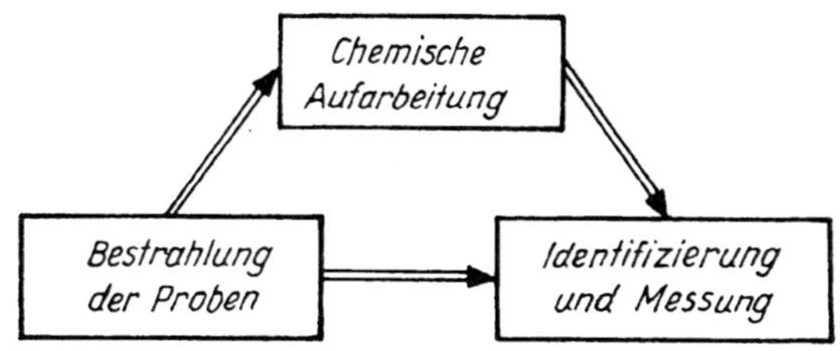

Abb. 12. Prinzip der Aktivierungsanalyse

Die Aktivierungsanalyse (Abb. 12) besteht aus der Bestrahlung der Probe und aus der Messung der entstandenen radioaktiven Nuklide. Für Prüfungen mit großer Empfindlichkeit müssen manchmal auch chemische Trennmethoden angewandt werden. Dies kann zum Beispiel auch der eigentliche technologische Prozeß sein.

Als Beispiel sei das Verhalten der einzelnen Verunreinigungen des Bauxits im *Bayer*-Verfahren angeführt (Abb. 13). Nach dem Aufschluß der im Reaktor aktivierten Bauxitprobe befinden sich

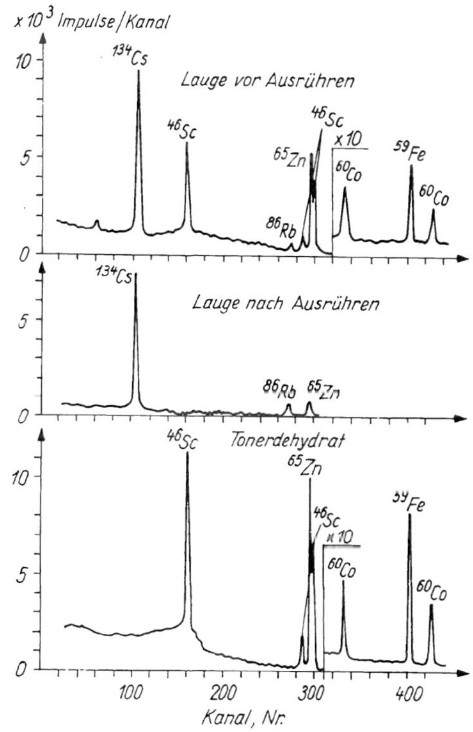

Abb. 13. Gamma-Spektren

die einzelnen Verunreinigungen in der Lauge, wie dies aus dem Gamma-Spektrum vor dem Ausrühren ersichtlich ist. Nach der Hydroxid-Ausrührung bleibt ein Teil der Verunreinigungen in der Lauge zurück, der andere Teil gelangt in das Tonerdehydrat.

Charakteristisch für die mittels Reaktorbestrahlung durchgeführte Aktivierungsanalyse ist deren hohe Empfindlichkeit und der bedeutende Zeitaufwand. Die Anwendung von Radioisotopen-Neutronenquellen und die zerstörungsfreie Analyse bieten die Möglichkeit zur Schnellbestimmung, natürlich mit verminderten Genauigkeits- und Empfindlichkeits-Kennwerten.

Eine andere Möglichkeit der Schnellanalyse wird durch die Röntgenfluoreszenzanalyse geboten, die ebenfalls zerstörungsfrei verläuft (Abb. 14). Sie beruht auf der Anregung der charakteristischen Strahlung der in den Proben enthaltenen Atome, die zur quantitativen Bestimmung ihrer Anteile benutzt wird.

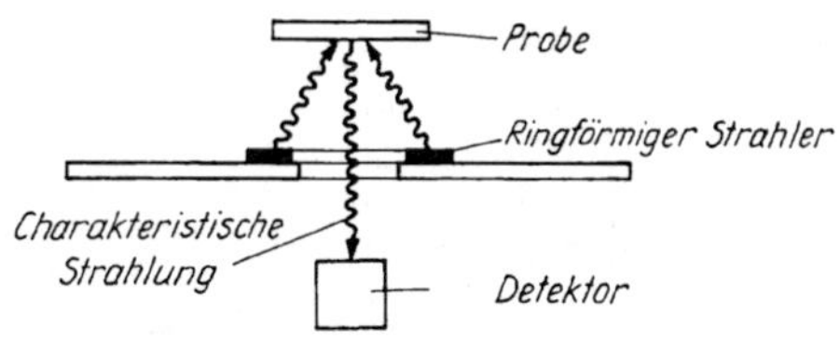

Abb. 14. Prinzip der Röntgenfluoreszenzanalyse

Die Vereinigung der beiden Prinzipien erfolgte in dem automatischen Bauxitanalysator des Geophysikalischen Institutes Budapest [3]. Zur Analyse des Bauxits in diesem Gerät werden die gemahlenen Proben in Ampullen gepreßt. Das Magazin der Anlage wird mit 10 Proben bestückt. Die Proben werden mit Hilfe von Preßluft zu den Bestrahlungs- und Meßstellen transportiert. Durch Aktivierung mit einer Am-Be Neutronenquelle von 15 Ci Aktivität können die Komponenten Si, Al und Na entsprechend der in Abb. 15 zusammengestellten Kernreaktionen bestimmt werden. Gleichzeitig sind die wichstigten Störreaktionen angeführt. An den Röntgenfluoreszenz-Meßstellen erfolgt die Bestimmung der Elemente Ca, Ti und Fe mittels der Anregungsquellen ^{55}Fe und ^{238}Pu. Abb. 16 enthält die jeweiligen Anregungsenergien sowie die der Messung zugrunde liegenden K_α-Linien der zu bestimmenden und einiger störender Elemente

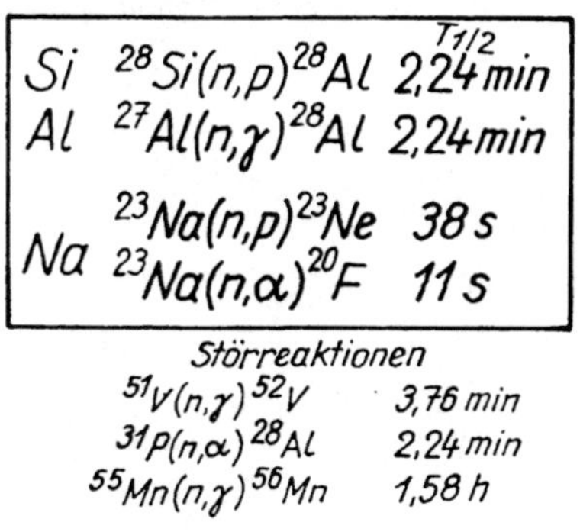

Abb. 15. Störreaktionen

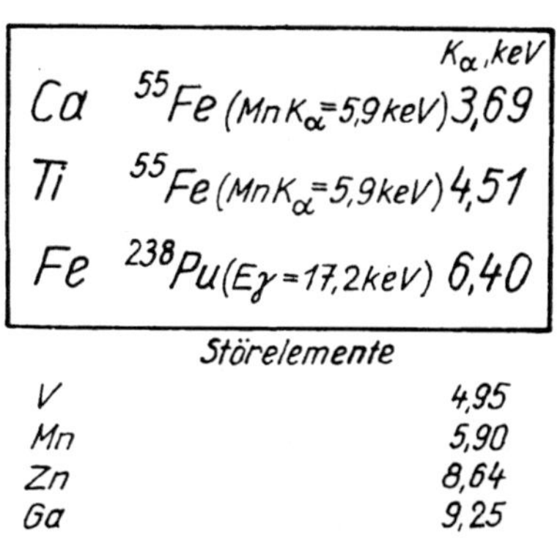

Abb. 16. Störelemente

Die Anlage ist zur Schnellanalyse von Bauxiten und Rotschlämmen geeignet. In den ungarischen Tonerdefabriken werden die Anlagen zur Einstellung der erwünschten Zusammensetzung der zum Aufschluß gelangenden Trübe verwendet.

4. Dichtemessung und -regelung

Die Streuung und Absorption der radioaktiven Strahlung ermöglicht auch die Durchführung von Aufgaben der Dichtemessung und -regelung. Das Prinzip der radiometrischen Dichtemessung ist in Abb. 17 dargestellt.

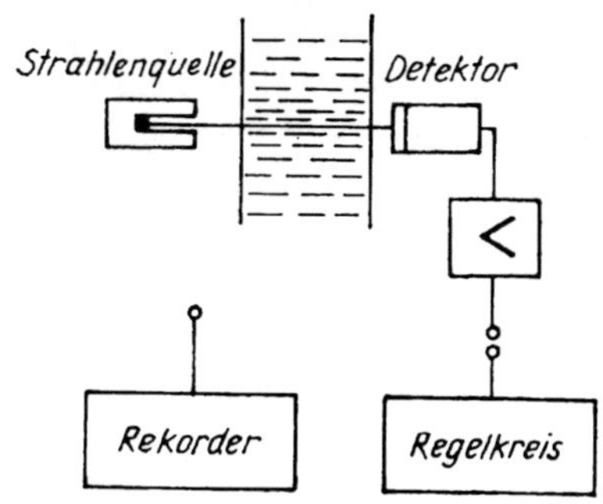

Abb. 17. Prinzip der Dichtemessung und -regelung

Das Ausgangssignal des Detektors kann entweder registriert werden, oder es steuert einen Regelkreis. Der Vorteil dieser Methode ist, daß sie kontaktlos, kontinuierlich und automatisch verläuft.

In den ungarischen Tonerdefabriken sind zahlreiche radiometrische Dichte- und Feststoffkonzentrationsmeßgeräte in Betrieb. Daneben befinden sich viele radiometrische Füllstandsmeß- und -regelanlagen sowie Bandwaagen im ständigen Einsatz, die vom Isotopeninstitut der Ungarischen Akademie der Wissenschaften und ALUTERV-FKI ausgearbeitet und montiert wurden.

5. Absetzuntersuchungen

Die Rotschlammabtrennung ist einer der empfindlichsten Engpässe der Tonerdefabriken. Die in den herkömmlichen Sedimentierrohren durchgeführten Absetzversuche geben nur über die Absinkgeschwindigkeit des Schlammniveaus Aufschluß. Die Versuchsanordnung für Sedimentationsuntersuchungen des ALUTERV-FKI, deren Prinzip Abb. 18 zeigt, ermöglicht auch einen Einblick in das Innere der Trübe.

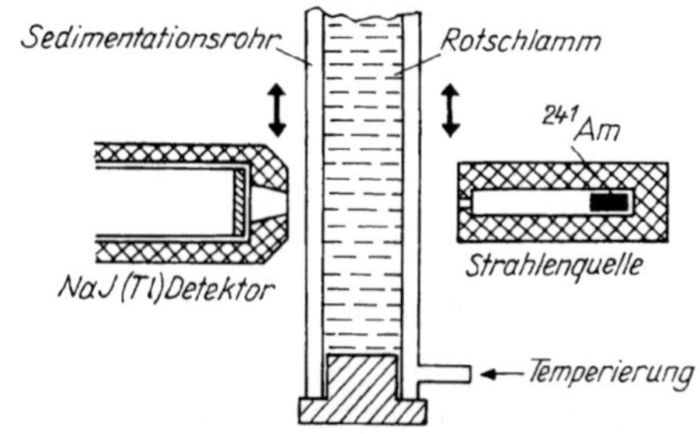

Abb. 18. Prinzip des Absetzmeßgeräts

Die auf die gewünschte Temperatur erwärmte Trübe wird mit weichen Gammastrahlen durchstrahlt. Die Strahlenquelle und der Detektor bewegen sich auf einem gemeinsamen Fahrwerk dem gewünschten Zeitprogramm entsprechend entlang eines 1 m hohen Rohres, wobei die Absetzprofilkurven aufgenommen werden, wie sie in Abb. 19 dargestellt sind. Die Höhe der Klarschicht im oberen Teil des Rohres wird allmählich größer, ihr Feststoffanteil ist gleich Null. Im unteren Teil des Rohres hingegen nimmt die Feststoffkonzentration der Trübe immer mehr zu. Aus den erhaltenen Konzentrationsprofilkurven kann die zu den einzelnen Feststoffkonzentrationen gehörende Geschwindigkeit des Feststoffüberganges berechnet werden. Diese Größe dient als Basis für die Projektierung und Auslegung der Belastbarkeit der Kläreindicker. Mit der Einrichtung kann weiter geprüft werden, welche Einflüsse verfahrenstechnische Änderungen und verschiedene Flockungsmittel auf die Absetz- und Eindickeigenschaften der einzelnen Bauxitsorten ausüben. Diese Eigenschaften hängen mit der Flockenstruktur des Schlammes zusammen. Abb. 20 zeigt, daß bei Anwendung verschiedener Flockungsmittel auf denselben primären Rotschlamm Flocken unterschiedlichen Durchmessers entstehen (links) und wie die großen Flocken unter Einwirkung der beim Absetzen auftretenden Abscherkräfte die kompakte Rotschlammschicht bilden (rechts).

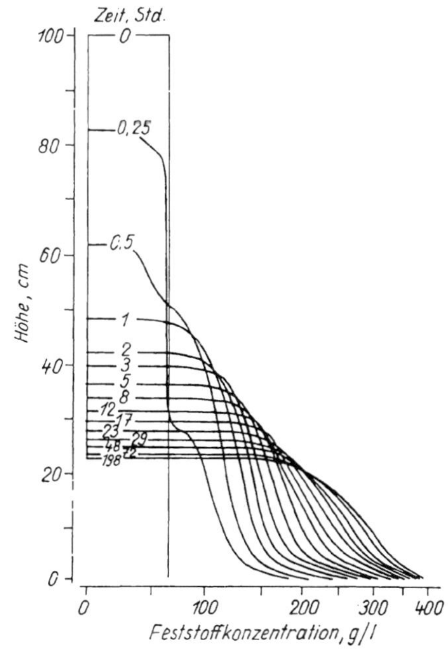

Abb. 19. Konzentrationsprofile

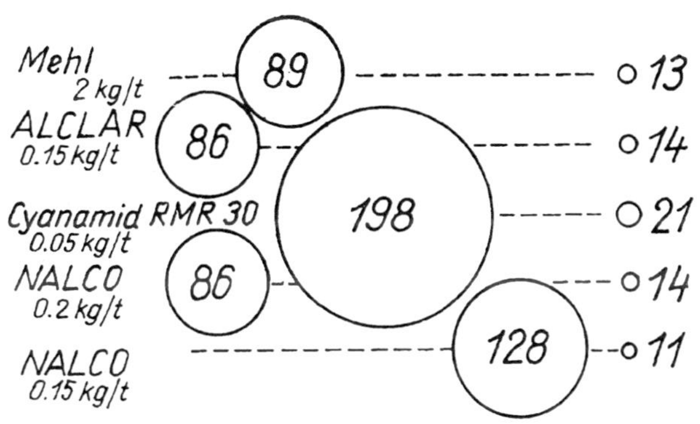

Abb. 20. Flockendurchmesser μm

6. Die nuklearen Verfahren innerhalb einer Tonerdefabrik

Anhand einer schematischen Skizze (Abb. 21) werden — durch große Buchstaben gekennzeichnet — jene Stellen in einer Tonerdefabrik gezeigt, an denen die oben erwähnten nuklearen Methoden bisher angewandt wurden bzw. werden. Der sogenannte „rote" Teil des Betriebes ist mit dunklem Farbton gezeichnet; dieser beginnt mit der Bauxitaufgabe und endet mit der Rotschlammableitung. Der „weiße" Teil führt von der Tonerdeausrührung bis zum Tonerdesilo, und der Weg der Lauge ist durch schraffierte Leitungen gekennzeichnet.

7. Zusammenfassung

Aus der Folge nahezu zwanzigjähriger Anwendung radioaktiver Isotope in der ungarischen Tonerdeindustrie wurden zunächst die Messungen der Materialströmung und der Vermischung erörtert, die in den damals entwickelten neuartigen Einrichtungen, wie den kontinuierlich betriebenen Autoklavenbatterien, den Ein- und Fünfkammereindickern, den Laugeeindampfanlagen, den Ausrührerstraßen und auch den Drehrohröfen durchgeführt wurden. Durch diese Untersuchungen gelangte die Tonerdeindustrie zu Informationsmaterial, das seither genutzt wird.

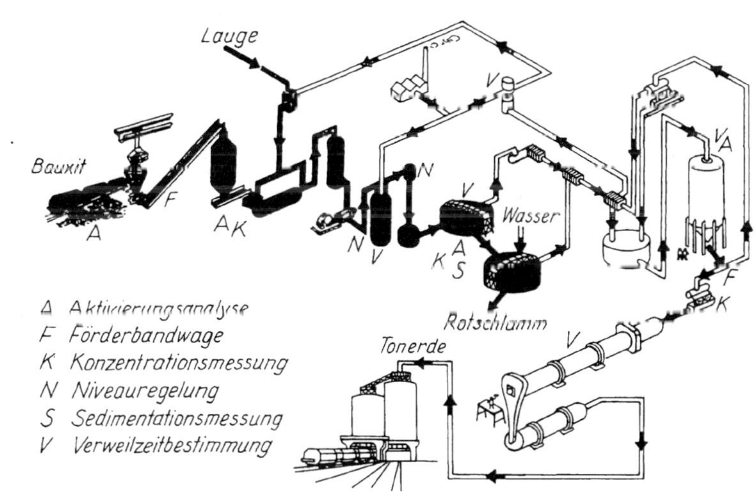

Abb. 21. Angewandte radiometrische Meßmethoden in einem Tonerdebetrieb

Später rückte neben diesen Untersuchungen die Überprüfung der Technologie des Bauxitaufschlusses, der Rotschlammwaschung und Kaustifikation sowie der Ausrührung des Aluminiumhydrates mittels Radioisotopenmarkierung in den Vordergrund. Der Schwerpunkt der Arbeiten in der neueren Zeit ist die Ausarbeitung und Einführung automatischer radiometrischer Meßfühler und Analysenmethoden.

Die Anwendungen der nuklearen Methoden in der ungarischen Tonerdeindutsrie erfolgten parallel zu der umfangreichen Entwicklung des Industriezweiges und trugen in großem Maße zur Verbesserung der Betriebsanlagen und Verfahren bei.

Eingegangen am 31. 10. 1978

Literatur

[1] *L. Bozóky, D. Vödrös*, Proc. Conf. PUAE, UN Geneva 1958, Vol. 19, p. 237

[2] *E. Bujdosó, L. Tóth*, Proc. 3rd Yugoslav Symp. on Aluminium, Sibenik, April 19 – 21, 1978. Vol. 1. Bauxites and Extractive Metallurgy. Ljubjana University, 1978, p. 92

[3] *I. Tatár*, Acta Techn. Acad. Sci. Hung. 47 (1964) 455

Untersuchung des Zinkverhaltens bei der Eisenerzagglomeration mit Hilfe von Radioisotopen

J. Siewierski, H. Kolaski, S. Zielinski

(Institut für Eisenmetallurgie, Gliewice, VR Polen)[1]

Der Sintermischung wurden bestimmte Portionen einer mit ^{65}ZnO markierten Mischung zugegeben und danach eine Bilanz dieses Zinks durch Messen der Radioaktivität von an verschiedenen Stellen der gesinterten Schicht entnommenen Proben aufgestellt.
Es wurde festgestellt, daß das Zink bei normalem Sinterbetrieb nicht aus der gesinterten Schicht entweicht. Das markierte Material verbleibt im Agglomerat an der Stelle, an die es bei der Zugabe gelangte, und verbreitet sich infolge der Reaktion mit benachbartem inaktivem Gemisch nur geringfügig.
Die Erhöhung des Koksgrusanteils bis 30% bei gleichzeitiger Verringerung der Sinterluftmenge führt in der Sinterschicht zu reduzierenden Bedingungen, die den Umsatz des ZnO zu metallischem Zink und damit seine Entfernung aus dem Sintergemisch begünstigen. Es wurde nachgewiesen, daß man unter solchen Bedingungen etwa 90% des Zinks aus dem Gemisch entfernen kann.

(D24) INIS DESCRIPTORS:

coke; industrial wastes; iron ores; reduction; sintering; tracer techniques; zinc 65; zinc oxides

Mit steigender Produktion im Hüttenbetrieb nehmen trotz verbesserter Vorbereitung der Einsatzstoffe und Verbesserung der Technologie die absoluten Mengen an eisenhaltigen Abfällen zu; die Mengen pro Tonne Erzeugnis jedoch ab. Die eisenhaltigen staub- und schlammförmigen Abfälle entstehen bei den Sinter-, Roheisen- und Stahlerzeugungsprozessen. Die Möglichkeiten für die Verarbeitung dieser Sotffe in den Hütten sind begrenzt, da eine Reihe der darin enthaltenen Elemente wie Zink, Blei und die Alkalien die metallurgischen Prozesse stören. Bei der Verwendung solcher Abfälle würden sich die Einsatzstoffe mit diesen Elementen anreichern, woraus sich viele technologische Schwierigkeiten ergeben. Besonders gefährlich ist Zink, das im Hochofenprozeß die Ursache eines unregelmäßigen Ganges und damit großer Produktionsverluste ist.

Die Möglichkeiten einer Entzinkung bestimmter Abfälle im Sinterprozeß wurden unter Anwendung von Radioisotopen untersucht. Das radiometrische Verfahren beruht auf der Einführung einer mit radioaktivem Zink in Form von ^{65}ZnO markierten Mischungsprobe in die normale Sintermischung und der Aufstellung einer Zinkbilanz auf Grund von Radioaktivitätsmessungen an von verschiedenen Punkten entnommenen Sinterproben.

Im Hochofenstaub und -schlamm kann Zink in Form von Zinkoxid (frei oder auf den Staubteilchen abgesetzt) oder anderen Verbindungen auftreten, die durch Reagieren des Zinks mit auf der Oberfläche der Staubteilchen befindlichen Substanzen entstehen. Es wurden daher zwei verschiedene Markierungsverfahren angewandt. Das erste beruht auf einem langwierigen und genauen Mischen des Sintergutes mit dem radioaktiven Zinkoxid, das zweite auf einem Durchspülen der Sintermischung mit radioaktivem Zinkdampf, der sich in einem Gasgemisch aus Argon und Kohlenmonoxid befindet. Die letztgenannte Methode wird im weiteren als „Markierung durch Bedampfung" bezeichnet.

Das Schema der Anlage zur Markierung durch Bedampfung ist in Abb. 1 dargestellt. In das in einem Silitstabofen befindliche Keramikrohr wurde pulverförmiger Kohlenstoff und ^{65}ZnO, das durch Aktivierung von chemisch reinem ZnO im Kernreaktor erhalten wurde, sowie koksfreie Sintermischung hineingegeben. Die Mischung füllte fast den ganzen Rohrquerschnitt aus. Den Heizelementen des Ofens gegenüber wurde sie so postiert, daß die Temperaturabnahme eine gleichmäßige Zinkablagerung in

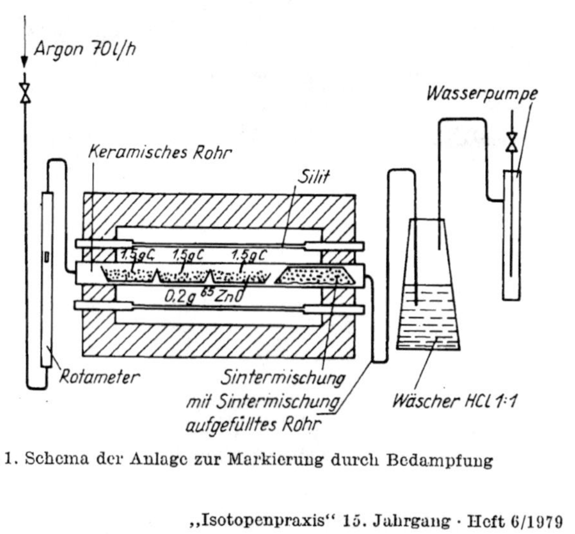

Abb. 1. Schema der Anlage zur Markierung durch Bedampfung

[1] Anschrift: 44-101 Gliwice, ul. K. Miarki 12 (VR Polen)

der gesamten Mischungsprobe gewährleistete. Die Temperaturdifferenz zwischen Anfang und Ende der Mischgutprobe betrug etwa 1000 °C. Durch laufende Messungen sind die Temperatur im Ofen, die Lage der Mischung, der Argondurchfluß und die Prozeßzeitdauer so eingestellt worden, daß eine vollständige Verdampfung des Zinks und dessen Kondensation in der Sintermischung erreicht wurden. Die Wanderung des Zinks im Ofen wurde durch Messen der Strahlungsintensität an der Oberfläche des Ofens verfolgt. Das den Zinkdampf transportierende und durch die Mischung geströmte Argon wurde außerhalb des Ofens durch ein Filter geleitet, das aus einem mit Sintermischung gefüllten U-förmigen Glasrohr besteht. Danach durchläuft das Argon einen 6 N HCl-Lösung enthaltenden Wäscher. Die markierte Mischung wurde im Ofen mit Luft abgekühlt.

Der Zinkdampf schlug sich bei dieser Verfahrensweise praktisch vollständig in der Sintermischung nieder. In oben genanntem Filter und im Wäscher konnten erst nach mehreren Markierungen Spuren von ^{65}Zn festgestellt werden.

Alle Sinterversuche wurden in einer Labor-Sintervorrichtung durchgeführt. Sie besteht aus einer Pfanne mit einem Durchmesser von 240 mm und einer Höhe von 320 mm. Die Menge des Sintergutes betrug für alle Versuche 22 kg. Früher durchgeführte Arbeiten an dieser Vorrichtung bewiesen, daß in ihr ähnliche Bedingungen im Ablauf des Sinterprozesses erreicht werden, wie sie auf industriellen Sinterbändern herrschen.

Für die Untersuchung wurde die markierte Sintermischung in einer Schicht mit 180 mm Durchmesser in halber Pfannenhöhe auf die unmarkierte Mischung geschüttet.

Eine Orientierung über das Verhalten des Zinks beim Sinterprozeß wurde schon während der Sinterung durch Messen der Strahlungsintensität an verschiedenen Stellen der Sinterpfanne erhalten. In Abb. 2 bis 5 sind die Meßergebnisse dargestellt, die vor Beginn des Sinterprozesses und nach dessen Beendigung unter der Sinterpfanne erhalten wurden.

Schon aus den orientierenden Messungen war deutlich zu sehen, daß das Zink während des unter ähnlichen Bedingungen wie im Betrieb geführten Sinterprozesses weder entweicht noch seine

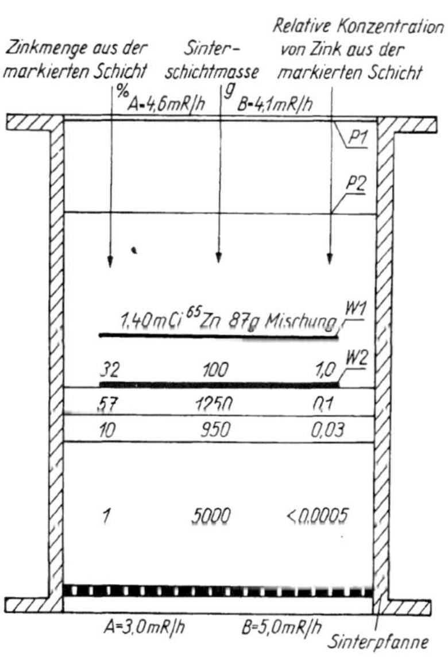

Abb. 2. Zinkverteilung im Sinter (7 % Koksgruszusatz, normale Luftmenge)

A – Gamma-Dosisleistung vor dem Sintern; *B* – Gamma-Dosisleistung nach dem Sintern; P_1 – Mischungsniveau vor dem Sintern; P_2 – Agglomeratniveau; W_1 – Lage der markierten Schicht vor dem Sintern; W_2 – Lage der markierten Schicht nach dem Sintern

Lage verändert (Abb. 2). Die geringfügige Verminderung der Strahlungsintensität oberhalb der Sinterpfanne wird durch das Absinken der markierten Schicht um etwa 3 cm verursacht. Das Niveau des Agglomerats ist immer um etwa 6 cm niedriger als das Niveau der Mischung. Andererseits ist die Oberflächendichte des Agglomerats kleiner als die der Mischung, was die Zunahme der Strahlungsintensität bei der Durchführung der Messungen unter denselben geometrischen Bedingungen bewirkt. Bei den Messungen unterhalb der Sinterpfanne summieren sich die beiden obengenannten Faktoren, weil sich sowohl der Abstand von der Strahlungsquelle zum Detektor als auch die Oberflächendichte des Pfanneninhalts vermindert. Sogar eine Steigerung der Strahlungsintensität erreicht man dann, wenn sich die markierte Schicht gar nicht verschiebt.

Die Zinkbilanz im Agglomerat wurde wie folgt aufgestellt: Durch Messungen der Strahlungsintensität an von der Oberfläche abgeschlagenen Agglomeratbrocken wurde die Lage der Bruchstücke mit größter Radioaktivität bestimmt. Dadurch gelang es, eine Anzahl von Proben auszusondern, die man als radioaktiv homogen bezeichnen kann und die an genau bestimmten Stellen in der Sinterpfanne entnommen wurden. Die spezifische Radioaktivität dieser Proben wurde dann mit Hilfe eines Szintillationszählers gemessen. Jede Probe wurde vollständig auf den Gehalt an ^{65}Zn geprüft, wobei die gesamte Menge in mehrere hundert Einzelproben mit einer Masse von jeweils 0,5 bis 50 g aufgeteilt wurde. Eine auf solche Weise durchgeführte Probennahme und Radioaktivitätsmessung ermöglichte die Bestimmung des Gehaltes an ^{65}Zn in jeder Agglomeratschicht im Verhältnis zur markierten Schicht. Die Meßergebnisse einiger als Beispiel ausgesuchter Sinterversuche sind in Abb. 2 bis 5 eingetragen. Sie sind so in den Bildern der Sinterpfanne eingeordnet, daß sie sich in Höhe der ihnen entsprechenden Schicht befinden. Die Zinkkonzentration im Agglomerat (durchschnittlicher Wert aus etwa 50 Messungen) ist in relativen Einheiten angegeben, wobei die in der markierten Sintermischung ermittelte Konzentration mit 1,0 festgelegt wurde. Die angegebenen Schichtmassen entsprechen den Summen der Einzelmassen der aus ihnen zur Zinkbestimmung entnommenen Proben.

Die ersten Sinterversuche wurden unter normalen Bedingungen durchgeführt, wobei die Markierung der Sintermischung durch ein Vermischen mit radioaktivem ^{65}ZnO erfolgte. Aus den erhaltenen Ergebnissen ging hervor, daß ein Austreiben des Zinks aus der gesinterten Mischung nicht erfolgt. Das Zink verbleibt in der gesinterten Schicht und breitet sich nur um weitere etwa 15 mm aus, was auf ein Reagieren mit der benachbarten nicht markierten Mischung zurückzuführen ist. Die Bestätigung dieser Ergebnisse erhielt man bei Versuchen, in denen eine durch Bedampfen markierte Sintermischung verwendet wurde (Abb. 2). Die Versuche zeigten, daß bei Anwendung dieser Technologie keine Reduktion des Zinkoxids erreicht wird.

In allen weiteren Versuchen wurde der Sinterprozeß mit wesentlich geringerem Luftdurchsatz und erhöhtem Koksgrusanteil geführt. Bei einer Erhöhung des Koksgruszusatzes auf 10% (Abb. 3) bzw. 15% (Abb. 4) und einer gleichzeitigen Verminderung der Luftmenge, entstehen in der Sintermischung Bedingungen für eine nur teilweise Reduktion des Zinkoxids. Auch in diesen Versuchen konnte eine Zinkaustreibung aus dem Sintergut nicht erreicht werden. Es wurde aber eine deutliche Verlagerung des Zinks in tiefere Schichten beobachtet. In beiden Fällen setzten sich beinahe 50% des Zinks in der untersten, über dem Rost gelegenen Agglomeratschicht ab. Dieser Vorgang kann dadurch erklärt werden, daß sich die anfangs günstigen Bedingungen für eine Reduktion des Zinkoxids in der Endphase des Sintervorganges auf Grund einer erhöhten Gasdurchlässigkeit verschlechterten.

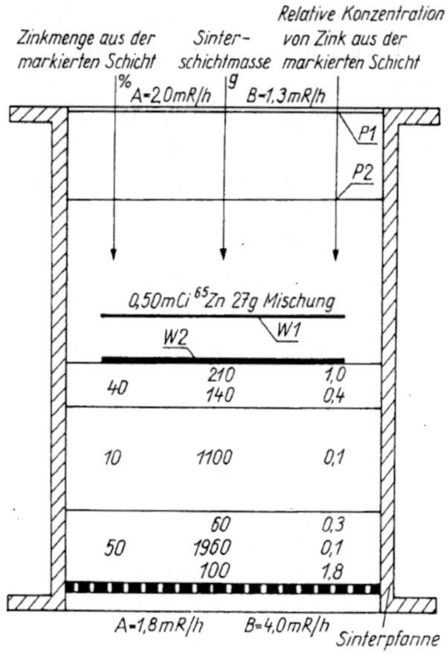

Abb. 3. Zinkverteilung im Sinter (10 % Koksgruszusatz, verminderte Luftmenge; Bezeichnungen wie in Abb. 2)

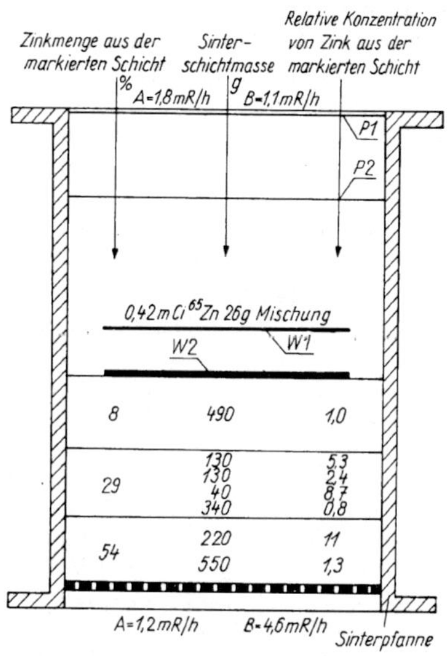

Abb. 4. Zinkverteilung im Sinter (15 % Koksgruszusatz, verminderte Luftmenge; Bezeichnungen wie in Abb. 2)

Eine Vergrößerung des Kokssatzes auf 30% bei gleichzeitiger Verringerung der Luftmenge führte zu Bedingungen, die einen günstigen Einfluß auf die Reduktion des Zinkoxids zu metallischem Zink und auf die Beseitigung des Zinks aus der Sintermischung ausüben. Bei diesen Versuchen konnten 90% des in

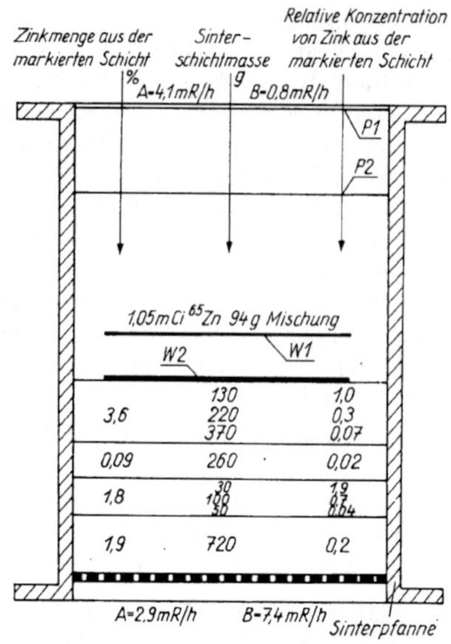

Abb. 5. Zinkverteilung im Sinter (30 % Koksgruszusatz, verminderte Luftmenge; Bezeichnungen wie in Abb. 2)

der Mischung enthaltenen Zinks entfernt werden (Abb 5). Einen zusätzlichen Vorteil erhielt man hier durch eine teilweise Metallisierung des Agglomerats bis zu 30%. Dabei muß jedoch ein beträchtlicher Abfall der Sinterleistung (bis auf etwa $^1/_3$ der unter normalen Bedingungen erzielten Leistung) in Kauf genommen werden.

Dieses Verfahren erlaubt es, periodisch größere Mengen an zinkhaltigen Abfällen in der Sintermischung zu verwenden.

Auf diese Weise können alle eisenhaltigen Abfallprodukte des Hüttenwerks ausgenutzt werden, ohne dabei im Hochofenmöller einen Zinkgehalt von etwa 0,1 kg/t RE zu überschreiten. Das Verfahren kann ohne größeren Kostenaufwand eingeführt werden. Als einzige Maßnahme ist die Schaffung von Lagerplatz für diese Produkte in der Nähe der Sinteranlage erforderlich.

Zusammenfassung

Bei der Anwendung der normalen Sintertechnologie verändert sich der Zinkgehalt während des Sinterprozesses nicht.

Ergebnisse von Untersuchungen über die Möglichkeiten einer Entzinkung während des Sinterprozesses zeigten, daß für Sintermischungen mit einem erhöhten Anteil an zinkhaltigen Abfallstoffen bei einem bis auf 30% erhöhten Koksgruszusatz und verminderter Sinterluftmenge ein Entzinkungsgrad von annähernd 90% erreicht werden kann. Dieses Verfahren erlaubt es, derartige Abfallstoffe ohne größeren Kostenaufwand auszunutzen.

Eingegangen am 31. 10. 1978

Anwendung radioaktiver Indikatoren zur quantitativen Bestimmung nichtmetallischer Einschlüsse in Stahl

B. Rewieńska-Kościuk, J. Michalik

(Institut für Kernforschung, Warschau)[1]

Es werden Methoden zur Bestimmung und zur Untersuchung der Quellen von nichtmetallischen Einschlüssen im Stahl sowie einige Ergebnisse der radiometrischen Untersuchungen dargestellt.

Die Erfahrungen mehrjähriger eigener Forschungen in der Industrie und ein ausführliches Studium der Weltliteratur wurden zu einer Systematik und kritischen Diskussion der angewandten Methoden herangezogen. Es wurden optimale Verfahren zur quantitativen Bestimmung der Oxideinschlüsse sowie zur Feststellung ihrer Herkunft (z. B. aus der feuerfesten Ofenauskleidung, dem Stichloch, der Rinne, der Gießpfanne oder der Kokillenschlacke) ausgewählt.

Besprochen werden Probleme des Tracers (Art, Menge, Zustand, Aktivität), der jeder Einschlußquelle entsprechenden Markierungsmethode, der Probennahme, der chemischen Verarbeitung des Probenmaterials und des radiometrischen Meßverfahrens (einschließlich einer evtl. Aktivierung).

Abschließend wird eine Methode zur Bestimmung von bei der Desoxydation des Stahls entstehenden Einschlüssen kurz dargestellt.

(D 24; D 22) INIS DESCRIPTORS:

inclusions; oxides; radiometric analysis; sample preparation; sampling; steels; tracer techniques

Einleitung

Die Erhöhung und Sicherung der Stahlreinheit ist gegenwärtig infolge steigender Forderungen der Verbraucher, sich ständig erweiternder Einsatzgebiete für Stahl sowie der beträchtlich wachsenden Stahlproduktion zu einer sehr wichtigen Aufgabe geworden. Dieses Problem ist mit der Begrenzung des Gehaltes an nichtmetallischen Einschlüssen im Stahl verbunden.

Die Untersuchungen über die Herkunft der nichtmetallischen Einschlüsse in Stählen unter Anwendung von Radioisotopenverfahren wurden oft veröffentlicht und zu internationalen Foren vorgetragen. Diese Arbeiten haben sowohl methodischen als auch industriellen Charakter. Sie sind auf die Klärung der Herkunft von Einschlüssen aus den feuerfesten Materialien, der Schlacke und dem Desoxydationsprozeß gerichtet. Bei den eigenen Untersuchungen sind verschiedene Varianten hinsichtlich der verwendeten radioaktiven oder nichtradioaktiven Indikatoren sowie Kombinationen von diesen angewendet worden. Diese Variabilität ist durch die unterschiedlichen Eigenschaften der zu untersuchenden Verunreinigungsquellen bedingt.

Durch Zusammenfassung der eigenen Erfahrungen unter Berücksichtigung der Ergebnisse anderer Forschungsgruppen sind aus den verschiedenen und manchmal ziemlich zahlreichen Möglichkeiten die optimalen und wohlgeprüften Lösungen ausgewählt worden und werden zur Weiterverwendung empfohlen.

In diesem Bericht werden Vorschläge für die Untersuchung der Herkunft von Einschlüssen aus feuerfestem Futter und aus Schlacke — allgemein exogene Einschlüsse genannt — unterbreitet und das Problem der Bestimmung der während der Desoxydation von Stählen sich bildenden Einschlüsse beleuchtet.

Unter der Bezeichnung „exogene Einschlüsse" werden sämtliche aus den folgenden Hauptquellen stammenden Einschlüsse verstanden: Ofenfutter, Stichlochfutter, Gießrinnenfutter, Gießpfannenfutter, feuerfeste Stoffe aus dem Gespannsystem sowie Ofen- und Kokillenschlacke.

1. Bestimmung der aus dem Ofenfutter herrührenden Einschlüsse

Verwertbare Methoden zur Bestimmung von aus dem Ofenfutter stammenden Einschlüssen lieferten [1—6].

Es scheint gerechtfertigt, zur Markierung dieser Verunreinigungsquelle einen nichtradioaktiven Indikator anzuwenden. Der Einsatz von radioaktiven Indikatoren ist in diesem Fall nicht ratsam, weil bei der Auskleidung des Herdes und der Wände eines Ofens die unvermeidbaren staubförmigen Teilchen der feuerfesten Stoffe zu einer gefährlichen radioaktiven Verseuchung führen können.

Zur Markierung der Flickmasse z. B. ist es vorteilhaft, entweder Lanthan oder Samarium in Form einer Nitratlösung zu verwenden.

Bei den von Blöcken oder Brammen bzw. Walgut oder Fertigerzeugnissen, wie z. B. Schienen, T-Profilen, Blechen usw. entnommenen Scheibenproben ist es zweckmäßig, jeweils die gesamte Oberfläche zu zerspanen. Diese Probenentnahme ist auch bei der Untersuchung des Einflusses anderer Verunreinigungsquellen auf die Einschlußbildung in Stählen zweckmäßig.

Die chemische Behandlung der Proben, deren Masse bis 150 g betragen kann, besteht in der Mitfällung des Indikators mit dem CaC_2O_4 aus oxydierten Stahllösungen (das Eisen liegt als Fe^{3+} vor) und nachfolgender Röstung zum CaO, La_2O_3 bzw. Sm_2O_3.

Die Aktivierung der Proben erfolgt bei einem Neutronenfluß von 10^{13} cm^{-2} s^{-1}, das Ausmessen zweckmäßigerweise mittels Halbleiterdetektor und Vielkanalanalysator, wobei der ^{140}La-Peak bei 1,6 MeV und der ^{153}Sm-Peak bei 0,102 MeV zur Auswertung gelangen.

2. Bestimmung der aus dem Stichlochfutter stammenden Einschlüsse

Die Methoden zur Bestimmung der in Stählen enthaltenen Einschlüsse aus dem Stichlochfutter sind aus [7] und [8] entnommen. Danach können diese Einschlüsse mit Hilfe von ^{45}CaO in Verbindung mit der Autoradiographie von Brammenquerschnitten

[1]) Anschrift: 03-195 Warszawa, Ul. Dorodna 16, VR Polen

bestimmt werden. Einige Nachteile des ^{45}Ca sind die verhältnismäßig niedrige Energie der Betastrahlung von 0,25 MeV, was für die Untersuchungen eine hohe Einsatzaktivität erforderlich macht, sowie die lange Halbwertszeit. Es scheint, daß als Indikatoren ^{139}La oder ^{140}La vorteilhafter sind. ^{140}La wird als Nitratlösung in die Masse eingeführt. Bei Verwendung eines nichtradioaktiven Indikators ist die gute Verteilung durch eine zweistufige Mischung der feuerfesten Masse erreichbar.

Die chemische Behandlung der einen nichtradioaktiven Indikator enthaltenden Stahlproben ist mit der vorangehend beschriebenen identisch. Im Falle der Verwendung eines radioaktiven Indikators genügt es, die Stahlproben in Königswasser, dem einige Tropfen Fluorwasserstoffsäure zugesetzt werden, aufzuschließen. Es kann auch notwendig werden, beständige Makroeinschlüsse zusätzlich durch Schmelzaufschluß mit $KHCO_3$ in Lösung zu bringen. Zur Einhaltung einer exakten Geometrie bei der Aktivitätsmessung mittels Flüssigkeitszählrohr muß eine gleichmäßige Konzentration des radioaktiven Indikators in der Lösung gewährleistet sein.

Der radioaktive Indikator wird in diesem Fall meistens zu einer qualitativen Aussage herangezogen.

Durch Messung der ^{140}La-Strahlung an fertigen Profilen auf einem Lagerplatz oder radiometrische Überprüfung der Probenscheiben mittels Strahlungsdetektoren wurden die Stellen ermittelt, an denen sich die aus dem markierten Material stammenden Einschlüsse befinden.

Eine quantitative Aussage ist durch relative Messung der Betastrahlung mittels *Geiger-Müller*-Flüssigkeitszählrohren zu erhalten.

3. Methoden zur Bestimmung der aus dem Gießrinnenfutter entstehenden Einschlüsse

Die Methoden zur Bestimmung der aus dem Gießrinnenfutter entstehenden Einschlüsse sind in [4, 7 und 9—13] beschrieben. Daraus geht hervor, daß zum beschriebenen Zweck drei Indikatoren angewandt wurden. Neben den bereits erwähnten ^{139}La (auch zusammen mit ^{140}La) und ^{45}Ca hat hier auch ^{140}Ba Anwendung gefunden. Es scheint, daß letzteres besser als das ^{45}Ca geeignet ist. Vor allem ist die ausgeprägte Übereinstimmung der thermodynamischen Daten von BaO und Al_2O_3 zu erwähnen. Weiterhin sind die nuklearen Eigenschaften von ^{140}Ba vorteilhafter: Die Halbwertszeit von 12,8 d ist wesentlich kürzer als die von ^{45}Ca, die Energie der Betastrahlung ist höher, und außerdem emittiert ^{140}Ba, im Gegensatz zum ^{45}Ca, Gammastrahlung. Dieses Radioisotop hält dagegen keinen Vergleich mit dem ^{140}La hinsichtlich Halbwertszeit und Energie der Gammastrahlung aus.

Zur Auskleidung von Gießrinnen verwendet man gewöhnlich mit Wasser befeuchteten Mörtel. Demzufolge ist es vorteilhaft, den radioaktiven Indikator an einen nichtradioaktiven Träger zu binden und danach die Gleichmäßigkeit seiner Verteilung zu bestimmen. Es genügt, wenn die spezifische Radioaktivität des Mörtels ungefähr $3{,}7 \cdot 10^{-2}$ MBq/g (1 µCi/g) beträgt.

4. Bestimmung von nichtmetallischen Einschlüssen, die aus dem Gießpfannenfutter stammen

Die aus dem Gießpfannenfutter herkommenden Einschlüsse waren Gegenstand zahlreicher Untersuchungen [1, 3—6, 8, 9—23]. Sie sind meist unter Verwendung von radioaktiven Oxiden der Erdalkalien (^{45}CaO, ^{140}BaO, ^{90}SrO) durchgeführt worden. Die Aufarbeitung der Stahlproben erfolgte durch elektrolytische Isolation. Als Indikator wurde in Verbindung mit der Autoradiographie von Blockoberflächen auch $^{185}WO_3$ angewandt. Hierzu ist jedoch zu bemerken, daß die Schwermetalloxide in ihren Eigenschaften zu weit von denen der feuerfesten Stoffe abweichen und ihr Einsatz als Indikatoren sehr zweifelhaft ist.

Als bemerkenswert ist der gleichzeitige Einsatz von zwei Indikatoren zu erwähnen, was bedeutet, daß bei einem Versuch die doppelte Informationsmenge erhalten wird. Die folgenden Paare von Radioindikatoren wurden angewandt: $^{140}La_2O_3 + {}^{46}Sc_2O_3$ bzw. $^{140}La_2O_3 + {}^{95}ZrO_2$. Scandium kann ein recht guter Indikator sein.

Ein empfehlenswerter Indikator für die Bestimmung der aus dem Pfannenfutter stammenden Oxideinschlüsse kann aus rein praktischen Gründen auch das nichtradioaktive La_2O_3 sein. Diese Verbindung kann bei der Herstellung der Schamotterohmasse ohne weiteres zugegeben werden. Die gleichmäßige Verteilung der Indikatoren kann man durch zweistufige Mischung mit der zur Herstellung der Schamotteziegel bestimmten Rohmasse erreichen.

Die weiteren Verfahrensstufen für ^{140}La wie Probenbehandlung, Aktivierung und Aktivitätsmessung sind mit den bei Verwendung des nichtradioaktiven Lanthans als Indikator bereits beschriebenen identisch.

5. Bestimmung der aus dem Gespannsystem herrührenden Einschlüsse

Die meisten Untersuchungen sind zur Bestimmung der aus dem Gespannsystem stammenden Einschlüsse durchgeführt worden [3, 4, 9, 10, 11, 14, 15, 20, 21, 23—37]. Auch hier wird ^{45}Ca als Indikator, der nachfolgend elektrolytisch isoliert wird, bevorzugt. Die Verwendung von Schwermetalloxiden als Indikatoren wird zu diesem Zweck wegen der hier bestehenden Reduktionsmöglichkeit negativ eingeschätzt. Am besten dürfte jedoch das Lanthanoxid als Indikator, entweder in radioaktiver oder nichtradioaktiver Form bzw. als Kombination beider, ähnlich wie im Falle der Untersuchung des Übergangs von Oxidteilchen aus dem Gießrinnen- und Stichlochfutter in den Stahl, geeignet sein. Die Markierung der Gespannsystemsteine sollte durch Tränken mit einer wäßrigen Lösung von $^{140}La(NO_3)_3$, ähnlich wie im Falle der Markierung mit ^{45}Ca, und nachfolgender Fixierung des Indikators durch Zugabe von Kalium- oder Natriumoxalat erfolgen.

Es erscheint vorteilhaft, für die Mengenbestimmung der aus dem Gespannsystem kommenden Einschlüsse und zur Vereinfachung ihrer Identifizierung in den Fertigerzeugnissen, eine gleichzeitige Markierung mit radioaktiven und nichtradioaktiven Indikatoren vorzunehmen. Das in dieser Verfahrensvariante verwendete ^{140}La macht es möglich, die exogenen Einschlüsse sowohl in Form von Makroeinschlüssen als auch größerer Agglomerate von Mikroeinschlüssen durch Strahlungsmessungen von außen nachzuweisen, während die Verwendung von ^{139}La die quantitative Bestimmung der zu untersuchenden Einschlüsse durch systematische Analysierung von Stahlproben ermöglicht.

Die zur Auskleidung des Gespannsystems verwendeten Schamottesteine sollen durch Tränken der Angriffsflächen mit der ^{140}La-Lösung markiert werden. Zur Markierung dieser Stoffe sollen für jeden Gespannsatz drei Portionen Radioisotope zur Verfügung stehen, und zwar für die Formstücke auf der Kokillenplatte, die Formstücke im Einguß und den zur Abdichtung der Formstücke dienenden Schamottesand oder Schamottemörtel.

6. Bestimmung der aus der Raffinationsschlacke herkommenden Einschlüsse

Auch die Untersuchung des Einflusses der Raffinationsschlacke auf die Einschlußbildung in Stählen ist oft durchgeführt worden: [9, 18, 19, 23—26, 33, 38—41]. Als Tracer haben dabei häufig die

Oxide der Erdalkalien Anwendung gefunden. Es fällt hier jedoch, wegen der angewandten elektrolytischen Isolation der Einschlüsse, bei der der Tracer teilweise anodisch gelöst wird, schwer, die Ergebnisse als glaubhaft zu betrachten. Das $^{90}Y_2O_3$ als Tracer ist besonders bemerkenswert. Der eine bestimmte Aktivität aufweisende Tracer wird zusammen mit schlackenbildenden Komponenten in eine Stahlampulle eingeschlossen. Diese wird zum entsprechenden Zeitpunkt vor dem Stahlabstich in den Schmelzofen in den Grenzbereich zwischen Schmelze und Schlacke gegeben.

Die Aktivitätsmessungen an den gelösten Stahlproben mittels Flüssigkeitszählrohr an Hand der Betastrahlung bringen insbesondere im Fall von hochwertigem Stahl infolge zu niedriger Einschlußkonzentrationen keine befriedigenden Ergebnisse. Es ist notwendig, den Tracer als Oxalat auf einen nichtradioaktiven Träger niederzuschlagen. Auf diese Weise gewinnt man Meßproben mit höheren Tracerkonzentrationen.

7. Bestimmung der von der Kokillenschlacke stammenden Einschlüsse

Es gibt verhältnismäßig wenig Literatur über die Bestimmung der von der Kokillenschlacke herrührenden Einschlüsse [32, 42, 43]. Es scheint, daß in diesem Fall die Einführung von ^{140}BaO in die Kokillenschlacke am vorteilhaftesten ist. Die Verteilung des Tracers innerhalb der Blöcke wird dann autoradiographisch bestimmt. Die Markierung erfolgt durch Vermischen des Tracers mit zerkleinerter Schlacke und Zugabe dieser Mischung unmittelbar nach Gießende in die Kokille. Während des Kochens des unberuhigten Stahls in der Kokille kann die Oberflächenschlacke in den Block hineingezogen werden. Diese Erscheinung wird an Langs- oder Querschnitten des Blocks durch Herstellung von Autoradiogrammen sichtbar gemacht.

8. Zusammenfassung der zu empfehlenden Isotopenverfahren zur quantitativen Bestimmung der Herkunft exogener Oxideinschlüsse in Stählen

Als Indikatoren für feuerfeste Stoffe erscheinen das Lanthan- und das Samariumoxid am geeignetsten, wobei das La_2O_3 sowohl in radioaktiver als auch in nichtradioaktiver Form verwendbar ist. Der Einsatz von La_2O_3 ist jedoch bei der Untersuchung von Einschlüssen auf SiO_2- und MgO-Basis bei Vakuumschmelze fraglich, weil es unter diesen Bedingungen ähnlich wie Kalziumoxid [5] zersetzt werden kann.

Zur qualitativen Identifizierung von Makroeinschlüssen eignen sich vor allem solche Tracer, die an Gußstücken bzw. Halbzeugen mit Hilfe von Gammasonden auf einem Lagerplatz oder durch Messungen an Probescheiben nachweisbar sind.

Zur quantitativen Bestimmung, insbesondere der aus feuerfesten Stoffen stammenden Mikroeinschlüsse, sind inaktive Tracer geeignet. Als derartige Indikatoren für Ofen- und Kokillenschlacke sind Y_2O_3 und BaO zu empfehlen.

9. Verfahren zur qualitativen Bestimmung der sich bei der Desoxydation mit Aluminium oder Silizium bildenden Oxideinschlüsse

Auf diesem Gebiet sind umfangreiche Untersuchungen im Laboratoriums- und Industriemaßstab mit radioaktiv markiertem Aluminium und Silizium durchgeführt worden [54, 55]. Diese Arbeiten beinhalten die experimentelle Überprüfung der Eignung von Ersatztracern, in diesem Falle von Ce und Zr für Aluminium und von Ti für Silizium. Als Kriterium dient hier die Übereinstimmung des Verhältnisses von Tracer- und Aluminium- bzw. Siliziumkonzentrationen im zugesetzten Desoxydationsmittel einerseits und in den aus dem Stahl gewonnenen Isolaten andererseits. Die für die einzelnen Tracer abgeschätzten relativen Fehler waren unterschiedlich groß. Sie überschritten aber in keinem Fall den Wert von 20%.

Auf Grund der erhaltenen Werte konnte festgestellt werden, daß der Anteil der sich bei der Desoxydation des Stahls bildenden Einschlüsse meistens über 50% der Gesamtmenge an Oxideinschlüssen im untersuchten Stahl betrug.

10. Zusammenfassung

Man kann feststellen, daß in der ganzen Welt und auch in Polen viel getan wird, um geeignete Verfahren zur Untersuchung der Herkunft exogener Einschlüsse in Stählen zu ermitteln. Auf diesem Gebiet wurden auch interessante Ergebnisse im Bereich der praktischen Anwendung dieser Verfahren erhalten, womit sie im allgemeinen als anwendungsreif und für den beschriebenen Zweck als geeignet betrachtet werden können. Der mit der Anwendung dieser Verfahren verbundene Arbeitsaufwand ist jedoch verhältnismäßig groß. Diese Tatsache sollte in jedem konkreten Fall zur eingehenden Erwägung der verfahrenstechnischen Begründung ihres Einsatzes anhalten.

Zu den Untersuchungen über die Herkunft endogener Einschlüsse ist festzustellen: Die bisherigenUntersuchungsarbeiten beweisen, daß diese Verfahren für großtechnische Untersuchungen anwendbar sind, sofern es sich um die Bestimmung von Einschlüssen handelt, die bei der Desoxydation des Stahls mit Aluminium und Silizium entstehen. In diesem Bereich sind die erarbeiteten Verfahren ohne weiteres anwendbar. Sie sind entwicklungsfähig auch in die bereits eingeschlagene Richtung der Untersuchung der Einschlußbildung bei Verwendung anderer (einfacher oder komplexer) Desoxydationsmittel im Stahlwerk.

Eingegangen am 31. 10. 1978

Literatur

[1] *B. Rewieńska-Kościuk, E. Weżranowski, E. Zarzecka, M. Radwan, L. Poluchowicz*, Hutnik **12** (1967) 576

[2] *B. Chodura, J. Michalik, T. S. Urbański, B. Rewieńska-Kościuk, M. Radwan*, Primenenie samarija w kaczestvie nieradioaktivnogo indikatora ognieupornych materiałov dlja opriedielenija ich pieriechoda w szłak i mietałł. Vortrag auf der Beratung der COMECON-Experten: „Verwendung der Isotopenverfahren in der Metallurgie" Katowice, 15.–18. 12. 1970

[3] *W. A. Grigorian, A. M. Samarin*, Izw. AN SSSR, ITN **3** (1954) 91.

[4] *J. I. Malinowskij, A. N. Morozov*, Izw. AN SSSR, OTN 8 (1957) 102

[5] *L. Zapetal* u. a., Hutn. Aktuality **11** (1970) H. 8, 3

[6] *M. Radwan, B. Rewieńska-Kościuk, E. Weżranowski*, Primenenie metoda mecenija nieradioaktivnymi elementami i aktivacjonnogo analiza w issliedowanijach iznosa, Symp. IAEA, Radioisotope tracers in industry and geophysics, Prague, 1966

[7] *W. Dalecki* u. a., Hutnik **12** (1071) 38

[8] *A. M. Skriebcov, F. F. Sviridienko* u. a., Opriedielenije koliczestva niemietalliczeskich vkljuczenij w relsovoj stali pri pomosci radioaktivnych izotopov. Radioaktivnyje izotopy i jadiernyje izluczenija w narodnom chozjajstwie SSSR. Trudy wsiesojuz sowieszczanija, T. III, Gostiochizdat 1061

[9] *M. I. Goldsztein*, Primienienije radioaktivnych izotopov dlja izuczenija stalnogo slitka. Mietałłurgizdat, Moskva 1963

[10] *S. Simon, M. Benkö* u. a., Untersuchung von exogenen Einschlußquellen (*in Ungarisch*) in der Sammlung: „Verwendung von Radioisotopen in der Metallurgie". Budapest 1967

[11] *A. M. Skierbcov*, Radioaktivnyje izotopy pri issliedovanji marticnovskogo processa, Mietałłurgizdat, Moskva 1963

[12] *A. M. Samarin, J. C. Kalinnikov*, Primenenije radioaktivnych izotopov v mietałłurgii, Sb. trudov, MIS, XXXIV, Mietałłurgizdat 1955

[13] *E. W. Levintovic, A. N. Lulicev*, u. a., Ognieupory **2** (1956) 73

[14] *O. M. Margulis, A. G. Karaulov*, Ognieupory **6** (1956) 253

[15] *L. N. Karaszenceva*, Opriedielenije istocznikov zagrażnienija sarikopodspnikovoj stali z pomosciu radioaktivnych izotopov. Sbor-

nik: Primenenie radioaktivnych izotopov v cernoj mietałłurgii, Celabinsk, Kniž. Izd. 1957

[16] *I. A. IOlechovskij, M. I. Dniespierova*, Ognieupory **6** (1954) 258

[17] *T. Myslivec* u. a., Hutnicke listy **24** (1969) 797

[18] *H. M. I. S. I. Richardson*, Spec. Rap. **77** (1963) 57

[19] *F. D. Bridge*, Steel Times, London **1964**, 118

[20] *J. I. Malinovski*, Zagraznienije szarikopodszipnikovoj stali produktami rozruszenija sifonnogo i kovszevogo ognieupora priposa. Sbornik: Primenenie radioaktivnych izotopov v czernoj mietałłurgii, Celabinsk, Kniž. Izd. 1957

[21] *B. B. Gulajev*, u. a., Liticjnoje proizvodstvo 8 (1956) 25

[22] *I. Erikson* u. a., Mat. Symp. The Application of Isotopes in Industry and Geophysics, Prague 21.–25. XII. 1966

[23] *D. M. Houseman*, Radioisotopes in Metallurgy, Steel and Coal, London **1963**, 896

[24] *Th. Dumitrescu*, Metallurgia (rum.) **23** (1971) H. 2, 84

[25] *Th. Dumitrescu*, Vortrag auf der Beratung von COMECON-Experten: „Verwendung der Isotopen-Verfahren in Metallurgie", Katowice 15.–18. XII. 1970

[26] *Th. Dumitrescu*, Banyasz Kohasz Lap. **104** (1971) 441

[27] *D. S. Gierczikov* u. a., Voprosy proizvodstva stali, Trudy donieckogo NTO, CzM, Donieck 1957

[28] *I. Cadek, T. Myslivec, M. Monda, I. Yzesek, I. Fiala*, Hutnicke listy **16** (1959)

[29] *M. I. Cechanskij, K. B. Chusnojarov, G. D. Sustoparov*, Ognieupory **22** (1958)

[30] *M. I. Cechanskij* u. a., Zaw. Łab. **12** (1957) 1440

[31] *H. Trappschuch, E. Pachely*, Stahl und Eisen **80** (1960) 878

[32] *M. I. Cechanskij*, Stal (russ.) **22** (i) (1962) 65

[33] *J. Michalik, M. Radwan, J. Kominek, B. Rewieńska-Koźciuk*, Isotopenpraxis **4** (1968) 427

[34] *Z. Bojarski* u. a., Prace Inst. Hutn. **1957**, 259

[35] *A. Kohn*, Rev. Metall. **63** (1966) 667

[36] Prace Inst. Hutn. **19** (1967) 381

[37] *Z. Bojarski, K. Radźwicki, Z. Majewski, J. Natkaniec, J. Siewierski*, Prace Inst. Hutn. **15** (1963) 221

[38] *V. F. Smolakov, B. S. Kalinnikov* u. a., Stal (rus.) **1957**, 893

[39] *P. M. Danilov, Ł. N. Karaczenceva*, Czernaja Mietałłurgija **1961**, 4

[40] *J. Holzhey*, TNM Freiberg, Rap. Nr. Fg 465 g, 1965

[41] *J. Michalik, J. Kominek, W. Zachwieja, M. Radwan*, Hutnik (1970) 184

[42] *R. Z. Elimielach* u. a., Stal (rus.) **1960**, 219

[43] *A. G. Kolesnik, N. W. Maslowa*, Stal (russ.) 1968, 1130

[44] *B. Rewieńska-Koźciuk, W. Dalecki, J. St. Michalik*, Isotopenpraxis **14** (1978) 18

[45] *B. Rewieńska-Kościukowa, W. Dalecki, J. St. Michalik*, Hutnik (1977) 407/410

Autoradiographische Untersuchungen der Erstarrung von Schmiedeblöcken

J. Siewierski, H. Kolaski, H. Firganek

(Institut für Eisenmetallurgie, Gliwice, VR Polen)[1])

Es wurde der Erstarrungsverlauf an zwei 11 und 12 t schweren, in eine achteckige (älterer Typ) und eine zwölfeckige Kokille abgegossenen Blöcken des Stahls St 35 verglichen. Die Untersuchungen mit Hilfe des Radioisotops ^{110m}*Ag umfaßten den Bereich des gesamten Blocks.*

Ermittelt wurde der Verlauf der Kristallisationsfront im Block in exakt festgelegten Zeitabständen von 20, 60 und 120 Minuten nach Füllung der Kokille sowie des Wachstums der Blockhaut in horizontaler und senkrechter Richtung als Funktion der Zeit.

Die Koeffizienten für die Erstarrung der Blöcke in horizontaler Richtung sowie die Volumina des flüssigen Stahls nach 20, 60 und 120 Minuten nach Abschluß des Gießens wurden berechnet.

(D24) INIS DESCRIPTORS:

autoradiography; crystallization; segregation; silver 110; solidification; steels; time dependence; tracer techniques

1. Einleitung

Ein prinzipieller Weg zur Eliminierung der für die weitere Verarbeitung unvorteilhaften Fehler im Block ist gegeben, indem man durch die Wahl optimaler geometrischer Blockformparameter auf den Kristallisationsprozeß der Schmiedeblöcke einwirkt. Die Wahl derjenigen Blockform, die das vorteilhafteste wechselseitige Verhältnis der horizontalen und senkrechten Erstarrung des Blocks sicherstellen soll, erfordert eine Bestimmung des Einflusses, den ihre geometrischen Parameter auf den Verlauf des Kristallisationsprozesses ausüben.

2. Übersicht über die bisherigen Untersuchungen der Blockerstarrung

Das grundsätzliche Ziel der experimentellen Untersuchungen des Erstarrungsprozesses eines Stahlblocks beschränkt sich auf die Bestimmung der Phasengrenze in den verschiedenen Abschnitten nach dem Abgießen des Stahls in die Kokille sowie auf die Feststellung der Zeit seiner völligen Erstarrung. Der komplizierte Charakter des Prozesses der Blockerstarrung, in welchem in den aufeinanderfolgenden Etappen der Kristallisation gleichzeitig mehrere Phasen auftreten (die feste, die flüssige, ein Gemisch aus fester und flüssiger) ist Ursache dafür, daß die am häufigsten angewandten Verfahren zur Untersuchung der Erstarrung gewöhnlich kein vollständiges Bild über den Erstarrungsprozeß liefern.

Das allgemein angewandte Ausgießverfahren, bei dem der flüssige Stahl nach Ablauf einer bestimmten Zeit, gerechnet vom Auffüllen der Kokille aus dieser ausgegossen wird, erlaubt zwar Aussagen über die Form der Kristallisationsfront, ist jedoch ungenau, wenig reproduzierbar und hat große Materialverluste zur Folge. Um vollständige Angaben über den Erstarrungsverlauf zu erlangen, ist ein gleichzeitiges Abgießen einer Reihe von Blöcken bei exakt eingehaltenen technologischen Parametern nötig. Eine zusätzliche Fehlerquelle bildet die Tatsache, daß während des Ausgießens das flüssige Metall vom Boden der flüssigen Phase einen Teil des nicht völlig erstarrten Stahls mitreißt.

Die Migration der Kristallisationsfront kann durch die Methode der Temperaturmessung mit Hilfe von in verschiedenen Punkten des Blocks eingesetzten Thermoelementen bestimmt werden. Diese Methode erlaubt es jedoch nicht, den vollen Umriß der Front zu gewinnen.

Weit größere Untersuchungsmöglichkeiten der den Prozeß der Stahlerstarrung begleitenden Erscheinungen bietet das radio-

[1]) Anschrift: 44-101 Gliwice, ul. K. Miarki 12 (VR Polen)

aktive Verfahren. Es besitzt die Vorteile aller „klassischen“ Methoden und bietet zusätzlich Möglichkeiten zur Gewinnung von Angaben über die Bewegung des Metalls im erstarrenden Block, seine ursprüngliche Struktur und den Segregationsgrad der Komponenten. Die Anwendung dieses Verfahrens zieht keine größeren Materialverluste nach sich, denn bei der Durchführung eines einzigen Experiments ist es möglich, komplette Informationen über den Verlauf der Materialerstarrung zu erhalten.

Das radioaktive Verfahren beruht darauf, bei der Füllung der Kokille zu genau bestimmten Zeiten Portionen eines radioaktiven Indikators zuzusetzen und die Indikatorverteilung im Blockvolumen nach seiner Erstarrung zu bestimmen. Der Indikator wird in sehr kleinen, die Legierungszusammensetzung und die Erstarrungsbedingungen nicht verändernden Mengen in das System eingeführt. Jede nachfolgende Portion breitet sich im Gebiet der im Moment seiner Zugabe noch flüssigen Phase aus. Auf diese Weise entstehen im Block Zonen verschiedener Aktivität, die die Erstarrungsfront im Augenblick der Indikatoreinführung markieren. Das Radioaktivitätsniveau der einzelnen Zonen wird durch Aktivitätsmessungen an ausgebohrten Proben beziehungsweise anhand von Autoradiogrammen der Längs- und Querschnitte des Blocks bestimmt. Aus den Meßergebnissen kann ein den Verlauf der Erstarrungsfront wiedergebendes Schaubild angefertigt werden. Das autoradiographische Verfahren bietet außer dem gewonnenen vollständigen Bild der Erstarrungsfront noch die Möglichkeit, verschiedene den Prozeß der Blockerstarrung begleitende Erscheinungen wie die Konvektionsbewegungen des Metalls im Bereich der Blockachse, das Absetzen der Kristalle am Boden der flüssigen Phase u. a. erkennbar zu machen.

Bei den Untersuchungen über den Erstarrungsprozeß wird eine Reihe von radioaktiven Indikatoren eingesetzt wie: ^{59}Fe, ^{185}W, ^{198}Au, ^{192}Ir, ^{110m}Ag, ^{35}S, ^{32}P, ^{14}C u. a. Da sich der radioaktive Indikator wie die entsprechende Stahlkomponente verhält, erlaubt zum Beispiel die Anwendung von radioaktivem Schwefel, Phosphor oder Kohlenstoff gleichzeitig eine Beurteilung des Segregationsgrades dieser Komponenten sowohl im gegossenen als auch im plastisch verformten Material.

Die bis jetzt in vielen Ländern durchgeführten Untersuchungen des Erstarrungsprozesses mittels radioaktiver Verfahren umfassen eine ganze Reihe von den Gieß- und Erstarrungsprozeß von Stahl begleitenden Erscheinungen. Untersucht wurden unter anderem die Migration des Metalls in der Gießpfanne und in der Kokille, die Erstarrungsgeschwindigkeit des Metalls in der Kokille unter verschiedenen Bedingungen, der Verlauf des Erstarrungsprozesses in stranggegossenen und im Elektroschlackenofen geschmolzenen Blöcken, der Einfluß der Blockform auf die Bildung von Segregationen in V- und umgekehrter V-Form sowie auf den Segregationsgrad einer Reihe von Stahlkomponenten [1–6].

3. Eigene Untersuchungen

3.1. *Untersuchungsmaterial*

Die Untersuchungen sind an zwei Blöcken unlegierten Stahls durchgeführt worden. Abgegossen wurden die Blöcke von oben nach vorhergehendem Entgasen des Stahls im Vakuum. Die geometrischen Parameter der untersuchten Blöcke waren folgende:

11-t-Block, achteckig (alter Typ):	Schlankheit Sm = 2,0
	Konvergenz Zb = 1,9%
12-t-Block, zwölfeckig (neuer Typ):	Schlankheit Sm = 1,65
	Konvergenz Zb = 6,7%

3.2. *Versuchsdurchführung*

Um die Veränderungen des Verlaufs der Erstarrungsfront in einem Zeitintervall zu erfassen, wurde der radioaktive Indikator ^{110m}Ag dreimal, und zwar nach 20, 60 und 120 Minuten vom Moment der vollständigen Füllung der Kokille an, in den flüssigen Stahl eingeführt. Die Aktivitäten der aufeinanderfolgenden Portionen des Indikators betrugen 7,4 GBq (200), 7,4 GBq (200) und 3,7 GBq (100 mCi), die Massen der Portionen: 1,14, 1,14 und 0,57 g. Der in dünnen am Ende eines Stahlstabs befestigten Kupferampullen befindliche Indikator wurde bis unterhalb der unteren Kante des Kokillenaufsatzes getaucht.

Aus den erstarrten Blöcken wurden quer- und längsliegende Scheiben abgetrennt und deren Autoradiogramme angefertigt. Abb. 1 zeigt ein Schema der Probennahme. Infolge der großen Scheibenoberflächen sind die Autoradiogramme an ungeschliffenen Oberflächen angefertigt worden. Aus demselben Grunde wurden auch nicht die gesamten Oberflächen der Querschnittsscheiben mit Autoradiographiefilm belegt. Als Film fand der Typ AF3 Verwendung. Anhand der Autoradiogramme konnte die nach Ablauf einer bestimmten Zeit vorliegende Dicke der erstarrten Haut bestimmt werden. Diese fand dann zur Berechnung des Koeffizienten der Blockerstarrung in horizontaler Richtung, der Berechnung des Volumens der flüssigen Phase sowie der Darstellung des Verlaufs der Erstarrungsfront Verwendung.

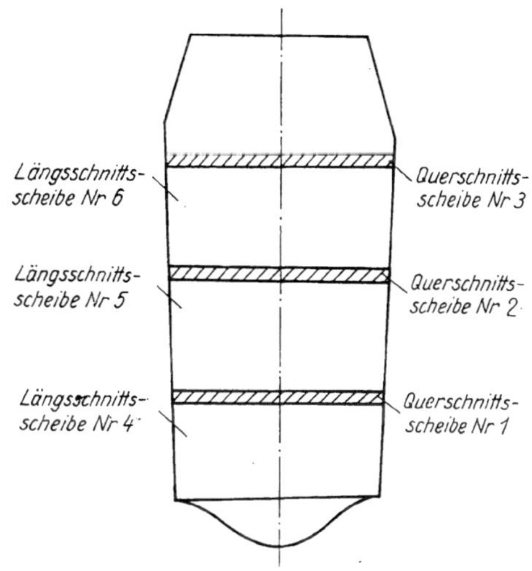

Abb. 1. Schema der Probennahme

3.3. *Untersuchungsergebnisse und ihre Diskussion*

Abb. 2 und 4 zeigen Autoradiogramme von Längsschnitten der untersuchten Blöcke. Die Stellen, an denen die Scheiben für die Querschnittsautoradiogramme entnommen wurden, sind darauf sichtbar. Abb. 3 und 5 zeigen die Autoradiogramme der entsprechenden Querschnitte. Die ungeschwärzten Stellen auf den Abbildungen repräsentieren die bis zum Moment der Einführung der ersten Indikatorportion (zwanzig Minuten nach Beendigung des Gießens) erstarrte Blockhaut. Die Zonen mit zunehmender Schwärzung entsprechen den Bereichen des flüssigen Stahls im Moment der weiteren Indikatorzugaben.

Abb. 6 und 7 sind schematische Darstellungen des Verlaufs der Erstarrungsfront in beiden Blöcken, die anhand der Autoradiogramme hergestellt wurden.

Die Kurven der Abb. 8 geben die in horizontale und vertikale Richtung zunehmende Dicke der erstarrten Blockhaut als Funktion der Zeit wieder.

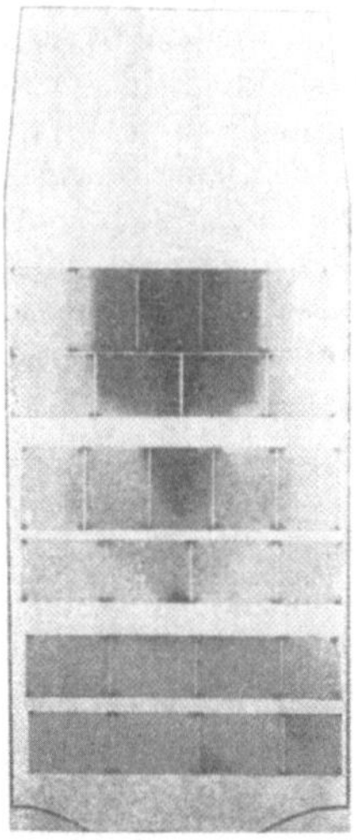

Abb. 2. Autoradiogramm vom Längsschnitt des 11-t-Blockes (alter Typ)

3a 3b 3c

Abb. 3. Autoradiogramme der Querschnitte des 11-t-Blockes (alter Typ)
a) Querschnittscheibe Nr. 3, Abstand vom Blockfuß: 1570 mm
b) Querschnittscheibe Nr. 2, Abstand vom Blockfuß: 1060 mm
c) Querschnittscheibe Nr. 1, Abstand vom Blockfuß: 530 mm

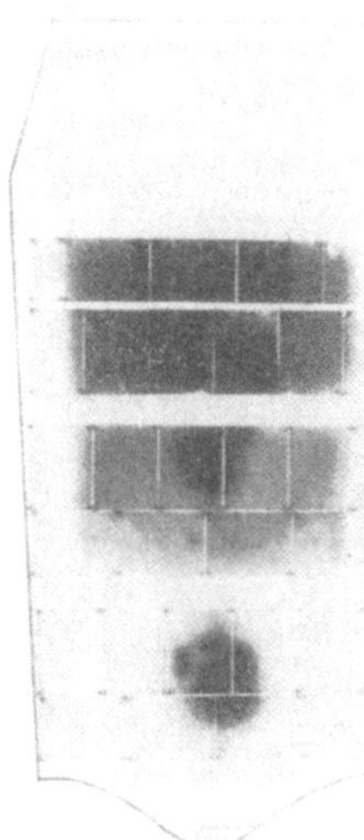

Abb. 4. Autoradiogramm vom Längsschnitt des 12-t-Blockes (neuer Typ)

5a 5b 5c

Abb. 5. Autoradiogramme der Querschnitte des 12-t-Blockes (neuer Typ)
a) Querschnittscheibe Nr. 3, Abstand vom Blockfuß: 1500 mm
b) Querschnittscheibe Nr. 2, Abstand vom Blockfuß: 1020 mm
c) Querschnittscheibe Nr. 1, Abstand vom Blockfuß: 550 mm

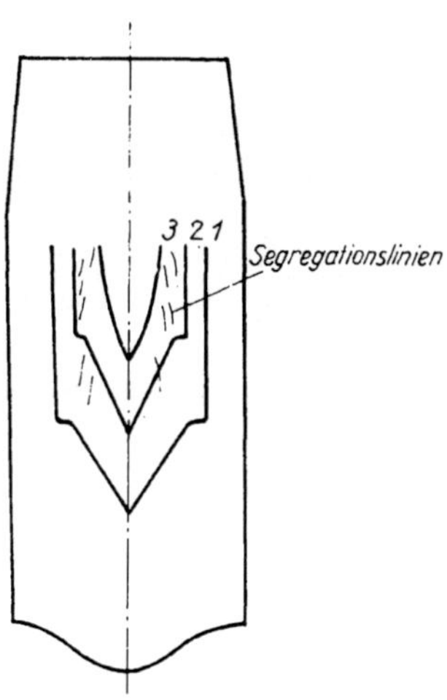

Abb. 6. Schema des Verlaufs der Erstarrungsfront im 11-t-Block (alter Typ)
1. nach 20 min, 2. nach 60 min, 3. nach 120 min

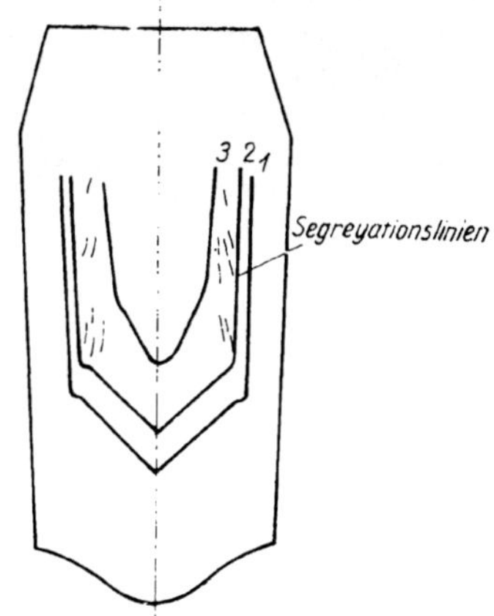

Abb. 7. Schema des Verlaufs der Erstarrungsfront im 12-t-Block (neuer Typ)
1. nach 20 min, 2. nach 60 min, 3. nach 120 min

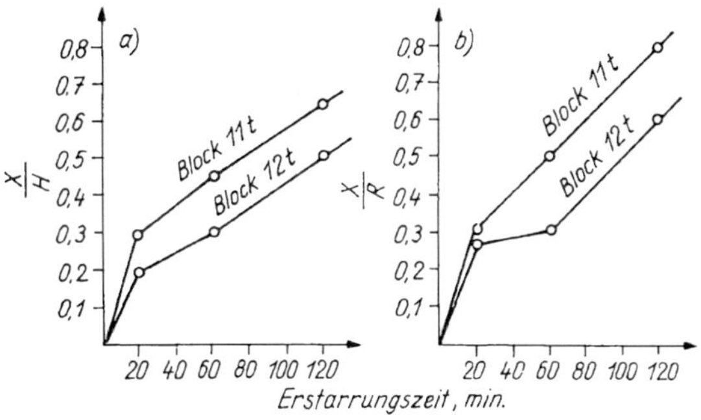

Abb. 8. Zunahme der Blockhautdicke in Abhängigkeit von der Zeit a) in vertikaler Richtung; b) in horizontaler Richtung
X Dicke der Blockhaut; *H* – Höhe der Blöcke; *R* – Blockradius

Der Verlauf der Erstarrungsfronten beim alten und neuen Blocktyp unterscheidet sich nur wenig voneinander. Im Bereich der horizontalen Erstarrung verläuft die Erstarrungsfront parallel zur Seitenwand der Kokille und zeichnet sich durch eine verhältnismäßig scharfe Phasengrenze ab. Im unteren Blockteil nimmt sie Kegelform mit einer weniger scharf ausgeprägten Grenze zwischen der flüssigen und der halbflüssigen Phase an. Beachtenswert ist der charakteristische Übergang der Erstarrungsfront von der zylindrischen zur Kegelform (Abb. 2, 4 und 9). Das Auftreten örtlicher Indikatoranreicherungen unterhalb

Abb. 9. Kontur des Übergangs der Erstarrungsfront von der zylindrischen zur Kegelform

des Kegels der flüssigen Phase deutet auf die Anwesenheit halbflüssiger Phase in diesem Bereich hin. Es konnte festgestellt werden, daß bereits vor Ablauf von 20 Minuten nach der Kokillenfüllung der Erstarrungsprozeß im Block beginnt, indem sich auf dem Boden der flüssigen Phase längs der Erstarrungsfront wandernde Kristalle absetzen. Der aus den Autoradiogrammen der Blockquerschnitte ersichtliche Charakter der Erstarrungsfront zeigt einen in beiden Fällen sehr gleichmäßigen Verlauf der Dickenzunahme der Blockhaut. Das wird außerdem dadurch untermauert, daß bei einer Hautdicke von ungefähr 15 cm die Form des Querschnitts der flüssigen Phase noch immer der Form des Kokillenquerschnitts entspricht.

Trotz der sehr ähnlichen Konturen der Erstarrungsfronten in den Blöcken neuen und alten Typs zeigt der Erstarrungsverlauf beider Blöcke Unterschiede. Diese ergeben sich aus einem geringeren horizontalen Dickenzuwachs der Haut im Block neuen Typs, bei nahezu gleicher Zunahme in beiden Blöcken in vertikaler Richtung. Im Querschnitt unterscheiden sich die Hautstärken beider Blöcke nach Ablauf von 20 Minuten nur unbedeutend. In dieser Zeit wächst die Blockhaut längs der Blockachse im Block alten Typs schneller. Nach Ablauf von 40 Minuten stellte man eine dreifach geringere horizontale Zunahme der Hautdicke im Block neuen Typs fest, bei ähnlichem Dickenzuwachs in beiden Blöcken in senkrechter Richtung. Diese Veränderungen sind in den Diagrammen der Abb. 8 zu sehen.

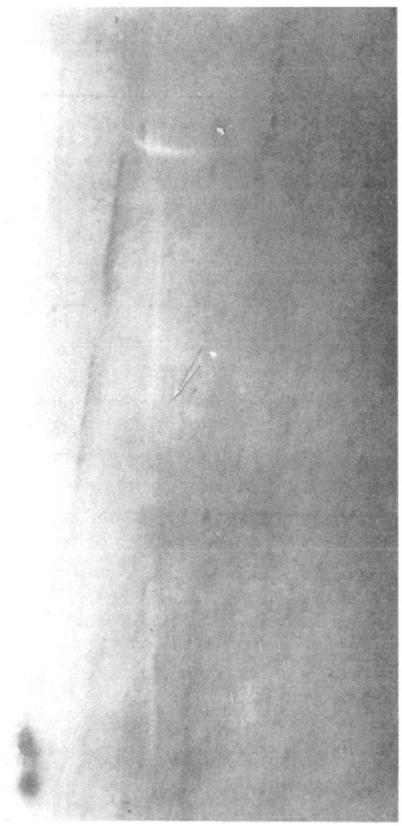

Abb. 10. Segregationslinien, umgekehrt V-förmig

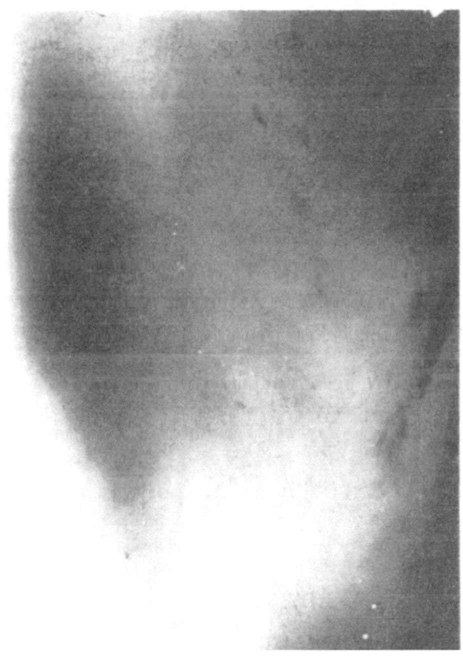

Abb. 11. Segregationslinien, V-förmig

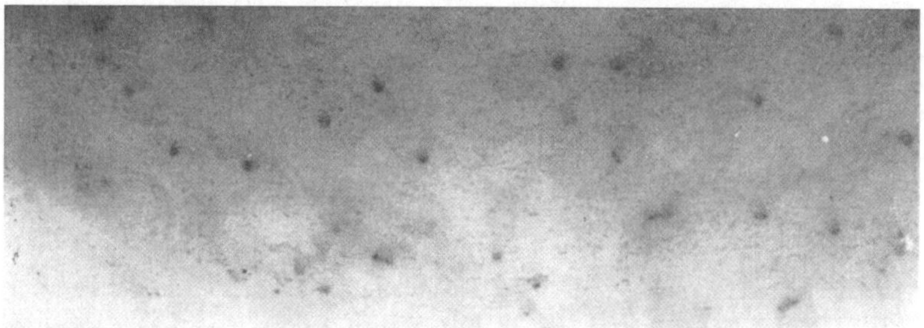

Abb. 12. Strukturbild im Achsenbereich des 12-t-Blockes (neuer Typ)

In bezug auf die Blockqualität ist der Erstarrungsverlauf in der neuen Kokille vorteilhafter.

Auf den Autoradiogrammen können anhand der höheren Konzentration des Indikators ^{110m}Ag die Linien einer reziproken (umgekehrt V-förmigen) Segregation deutlich erfaßt werden (vgl. Abb. 10). Im neuen Block fand infolge der veränderten Kokillengeometrie eine Verschiebung der Linien der reziproken Segregation in Richtung Blockmantelfläche statt. Eine schematische Darstellung dieser reziproken Segregation findet sich in den Abb. 6 und 7. Im Block alten Typs fand man im oberen Teil des Blockkörpers lokalisiert eine V-förmige Segregation (Abb. 11).

Es wurde weiterhin festgestellt, daß nach Ablauf von einer Stunde von Beendigung der Kokillenfüllung an gerechnet in der Struktur gleichachsige Kristalle auftreten. Abb. 12 zeigt einen Teil des Strukturbildes im Achsenbereich des Blockes neuen Typs.

Anhand der Autoradiogramme konnte schließlich das Volumen des flüssigen Bereichs im Augenblick der Indikatoreinführung im Verhältnis zum gesamten Volumen des Blockkörpers festgelegt werden. Es beträgt nach Ablauf von 2 Stunden von Beendigung der Kokillenfüllung an gerechnet im alten Block 0,5%, im neuen Block 4%.

Eingegangen am 31. 10. 1978

Literatur

[1] *A. M. Skrebcow*, Radioaktiwnyje izotopy w staleplawilnych processach, Izd. Mietallurgija, Moskwa 1972

[2] *A. Kohn, J. Arnould*, Revue de Metallurgie **62** (1965) 311

[3] *D. H. Houseman*, Steel Times **192** (1966) 689

[4] *J. Comon, A. Kohn*, Supplement au Bulletin d'Information ATEN **1965**, 56, S. 3

[5] *H. Firganek, J. Labus, B. Paczula, J. Siewierski, K. Raczka*, Prace IH **19** (1967) 373

[6] *H. Firganik, K. Jezierski, J. Siewierski*, Prace IH **21** (1969), 3, S. 14

Untersuchungen über die Metallströmung und -verunreinigung beim Gießen von Kurbelgehäusen mit Hilfe von Radioisotopen

E. Fenyvesi, S. Szeiman

(Csepel Werke FTKI, Budapest, UVR)[1];

(D24) INIS DESCRIPTORS:

autoradiography; castings, gold 198, inclusions, liquid flow, machine parts, silicon 31, silicon oxides, tin 131, tracer techniques; zirconium oxides

Die Aufgabe bestand in der Untersuchung der Strömungsverhältnisse beim Guß der Kurbelgehäuse sowie in der Ermittlung der Herkunft von SiO_2-Einschlüssen in den Zylinderbohrungen der Kurbelgehäuse.

Für die Strömungsuntersuchungen wurde als Indikationssubstanz das Radioisotop ^{113}Sn und für die Messungen ein abgeschirmter Szintillationsdetektor verwendet. Den Messungen nach gelangt das Radioisotop unabhängig von der Zugabestelle in das gesamte Gußstück. Daraus folgt, daß noch eine starke Strömungsbewegung in der Gußform vorhanden ist.

Zur Bestimmung der Ursache von Einschlüssen wurde die Indikationssubstanz $^{31}SiO_2$ in der Nähe der Einlauföffnung am Grunde des Gießtrichters angeordnet. Nach dem Abguß sind über den Zylinderbohrungen autoradiographische Aufnahmen angefertigt worden, anhand deren festgestellt wurde, daß die SiO_2-Einschlüsse vom Gießtrichter her an die Oberfläche der Zylinderbohrungen gelangen.

Nachfolgend wurde die Wirkung von Filterkernen untersucht und festgestellt, daß bei richtiger Filteranordnung die SiO_2-Einschlüsse nicht mehr in das Gußstück gelangen.

[1]) Anschrift: Csepel Eisen- und Metallwerke, Forschungsinstitut für Metallkunde und Technologie, 1751 Budapest, PF. 78 (UVR)

1. Einleitung

In der Gießerei der Csepel Werke stellt man Motor-Kurbelgehäuse für Fahrzeuge her. Wenn nach der erfolgten Bearbeitung an der Oberfläche der Zylinderbohrungen beim Gießvorgang entstandene Einschlüsse zu erkennen sind, gehen diese Gußstücke in den Ausschuß. Bei der Untersuchung der Einschlüsse stellte man fest, daß es sich um SiO_2-haltige Schlackeneinschlüsse handelt und in einigen Fällen auch ZrO_2 auftritt. Sowohl auf Grund der letztgenannten Tatsache als auch dadurch, daß die Entstehungsursache dieser Einschlüsse aus den vorgenommenen Untersuchungen nicht ableitbar war, erwies es sich als erforderlich, eine Untersuchungsmethode mit radioaktiven Leitelementen anzuwenden.

2. Untersuchung der Metallströmung

Für die Strömungsuntersuchungen beim Gießen des Kurbelgehäuses (siehe Abb. 1) wurde das Radioisotop ^{113}Sn verwendet. Zur Markierung der Schmelze wurde es in Alu-Folie gepackt und in eine unter der Eingießöffnung der Gießform angeordnete Aussparung geklemmt. Die Markierung wurde an sechs Gußstücken vorgenommen, wobei an allen siebzig Punkte festgelegt waren (siehe Abb. 2), an denen nach der Grobreinigung mit Hilfe eines besonders abgeschirmten Szintillationsmeßkopfes Aktivitätsmessungen erfolgten. Anschließend wurden zur Bestätigung der Richtigkeit der Aktivitätsmessungen von den entsprechenden Stellen autoradiographische Aufnahmen hergestellt.

Durch die Anwendung beider Methoden wurde eindeutig bewiesen, daß sich das Sn im gesamten Gußteil gleichmäßig verteilt und an keiner Stelle Anreicherungen auftreten, was nur möglich ist, wenn in der Gießform eine Metallströmung vorhanden ist.

Abb. 1. Gegossenes und geputztes Kurbelgehäuse

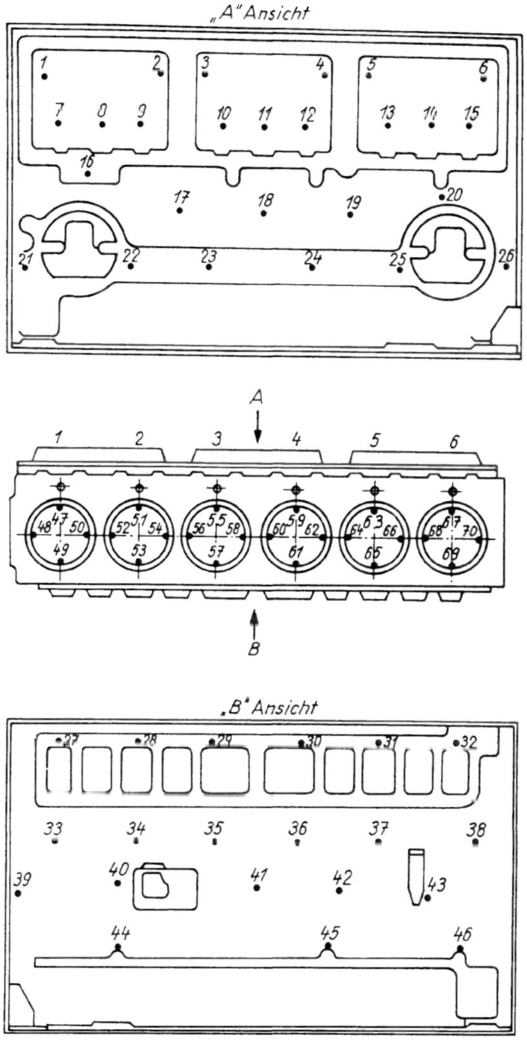

Abb. 2. Am Kurbelgehäuse festgelegte Meßpunkte

3. Untersuchung der Metallverunreinigung

Bei der Klärung der Einschlußherkunft mußte berücksichtigt werden, daß gemäß der Technologie die Formkerne mit einer ZrO_2- und SiO_2-Masse geschlichtet werden, der Eingußtrichter aber nicht behandelt ist.

In der ersten Versuchsreihe wurde $^{31}SiO_2$ am Grunde des Trichters in der Nähe der Eingußöffnung angeordnet. Die an den bereits erwähnten Kontrollpunkten durchgeführten radiometrischen Messungen an den Kurbelgehäusen deuteten auf eine homogene Verteilung des radioaktiven Materials hin. Auf den radiographischen Aufnahmen (siehe Abb. 3) ist jedoch in Form von Flecken gut zu erkennen, daß sich zwar das markierte SiO_2 im gesamten Bereich der Zylinderbohrung wiederfindet, hauptsächlich aber unter der Eingießöffnung im oberen Drittel der Zylinderbohrungen angereichert ist.

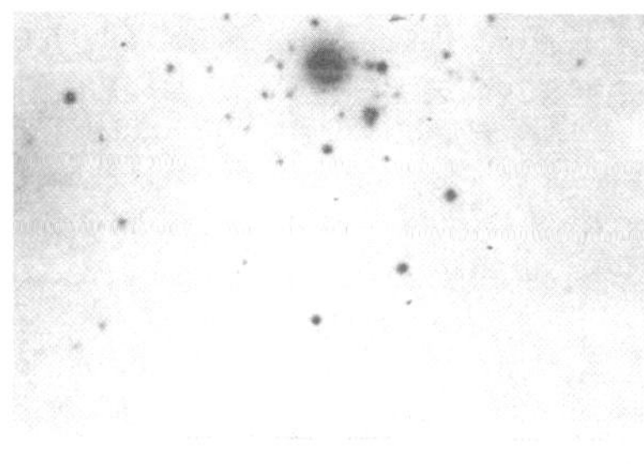

Abb. 3. Autoradiogramm von der Innenfläche einer Zylinderbohrung (normale Körnung des SiO_2)

Diese Untersuchung wurde unter den gleichen Betriebsverhältnissen mit dem Unterschied wiederholt, daß zur radioaktiven Markierung grobkörniges SiO_2 verwendet wurde. Diese Änderung hatte zur Folge, daß auch Teilchen bis Pfefferkorngröße an die Innenflächen der Zylinderbohrungen gelangen konnten (siehe Abb. 4).

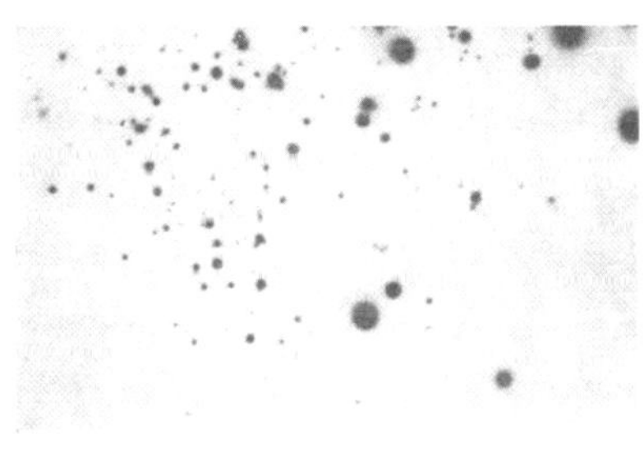

Abb. 4. Autoradiogramm von der Innenfläche einer Zylinderbohrung (gröbere Körnung des SiO_2)

Für die autoradiographischen Aufnahmen wurden Filme vom Typ Agfa-Gevaert Structurix D7 angewandt. Wegen des kleinen Krümmungshalbmessers der Zylinderbohrungen konnten die Filme nicht genau an die Oberflächen angepaßt werden, weshalb das Bild der radioaktiven Stellen in einigen Fällen unscharf und größer ist, als es die radioaktiven Einschlüsse tatsächlich sind.

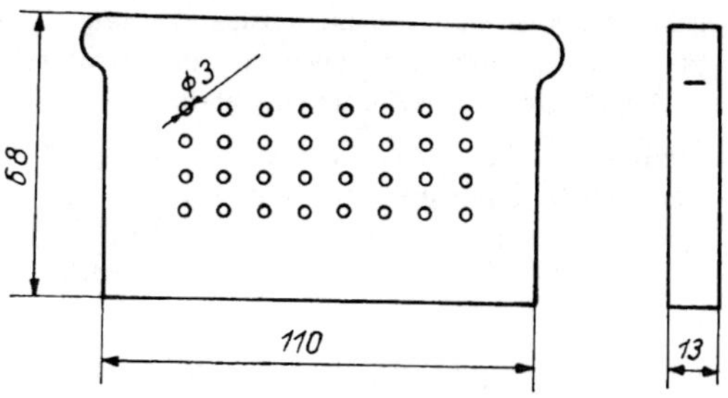

Abb. 5. Keramikfilter

In einer zweiten Versuchsreihe wurde an den Stellen 1, 3 und 5 des Kernkastens über dem Anschnitt ein in Abb. 5 dargestelltes Keramikfilter eingebaut. Anschließend wurden wiederum Gußstücke unter Verwendung von Schlichte mit fein- und grobkörnigem radioaktivem SiO_2 abgegossen. Auf den autoradiographischen Aufnahmen der Innenflächen der Zylinderbohrungen in den mit Filter abgegossenen Gußstücken konnten weder fein- noch grobkörnige SiO_2-Einschlüsse beobachtet werden.

Bei den Untersuchungen über die Zirkon-Einschlüsse sollte nicht nur deren Verteilung bestimmt werden, sondern es war gleichzeitig zu klären, ob das ZrO_2 in der Schmelze zum Metall reduziert und ob das evtl. auftretende metallische Zirkon bei der vorliegenden Gießtemperatur im Grundmetall gelöst wird. Zur Klärung des Reduktionsvorganges wurden Vorversuche durchgeführt. In 3 1-kg-Kokillen ist auf den Kokillenböden radioaktives Zirkon in Form von Stäbchen, von Pulver und von ZrO_2 mit SiO_2 gemischt untergebracht worden. Die in diese Kokillen abgegossenen und dann abgekühlten Gußstücke wurden in Längsrichtung zerschnitten und von den Schnittflächen autoradiographische Aufnahmen gefertigt.

Abb. 6. Gußblock mit oberflächlich angelagertem radioaktivem ZrO_2

Aus den Aufnahmen war zu erkennen, daß das stäbchenförmige Zirkon nicht aufgeschmolzen war, es verblieb am Boden des Gußstückes. Das pulverförmige Zirkon verteilte sich geringfügig. Das mit SiO_2 gemischte radioaktive ZrO_2 lagerte sich in seiner ganzen Menge an der Gußstückoberfläche, wie es in Abb. 6 zu sehen ist, an. Es konnte später durch Anwendung von Wasser und Drahtbürste entfernt werden.

Durch diese Vorversuche wurde festgestellt, daß das metallische Zirkon weder aufschmilzt und sich löst noch eine Reduktion von ZrO_2 erfolgt.

Mit Rücksicht darauf, daß das Radioisotop ^{95}Zr wegen seiner langen Halbwertszeit für Untersuchungen im Betriebsmaßstab nicht in Betracht kommt, wurde zur weiteren Bestimmung der Einschlußverteilung ^{198}Au als Indikator verwendet. Da sich $AuCl_3$ gut in Wasser löst, wurde das radioaktive Gold in dieser Verbindung als Indikator für die Formkernschlichte eingesetzt. Mit dieser im Betrieb üblichen, radioaktiv markierten Zirkonschlichte (Viskosität 36 B°) sind die Kerne für den Ventil- und den Wasserraum des Kurbelgehäuses behandelt worden. Die Kerne wurden nach dem Trocknen so in die Gießform eingebaut, daß in diesen jeweils ein markierter Ventilraumkern und ein nicht markierter Wasserraumkern oder ein nicht markierter Ventilraumkern und ein markierter Wasserraumkern untergebracht waren.

Nach Reinigung der abgegossenen Gußstücke wurden von den Innenflächen der Zylinderbohrungen autoradiograpihsche Aufnahmen hergestellt, aus denen ersichtlich ist, daß auch ZrO_2-Teilchen aus der Kernschlichte bis an das Innere der Zylinderbohrungen gelangen.

4. Zusammenfassung

Die mit dem Radioisotop ^{113}Sn durchgeführten Untersuchungen beweisen, daß das Füllen der Gießform gleichmäßig erfolgt und keine größeren Vorzugsströmungen auftreten.

Es wurde festgestellt, daß die SiO_2-Einschlüsse vom Eingießtrichter in die Zylinderbohrungen gelangen. Sie treten bevorzugt in Bereichen unterhalb der Eingießöffnung auf. Im Falle der Anwendung eines Filtereinsatzes waren unabhängig von der SiO_2-Körnung keine Einschlüsse mehr im Gußteil nachzuweisen.

Die aus der Formkernschlichte stammenden Zirkon-Einschlüsse gelangen bis an die Zylinderbohrungen. Das ZrO_2 wird im Verlauf des Gieß- und Erstarrungsvorganges nicht zum Metall reduziert.

Eingegangen am 31. 10. 1978

Anwendung der Radiotracertechnik zur Untersuchung der Verteilung von Spurenelementen bei der Kupferverhüttung

G. Krüger

(VEB Mansfeld Kombinat „Wilhelm Pieck", Forschungsinstitut für NE-Metalle Freiberg)[1])

Es wird über die Anwendung der Radiotracertechnik bei der Untersuchung zum Verteilungsverhalten von Arsen und Tellur zwischen den einzelnen Produkten beim Konverter- und Raffinationsprozeß berichtet
Die einzelnen Arbeitsstufen wie Markierung, Probennahme und Meßtechnik werden näher erläutert, die Meßergebnisse dargelegt und eine Einschätzung dieses Verfahrens für derartige Untersuchungen gegeben.

(D24) INIS DESCRIPTORS:

arsenic; arsenic 76; copper; pyrometallurgy; radiation protection; sodium 24; trace amounts; tracer techniques

1. Aufgabenstellung

Eine Reihe von Spurenelementen – unter ihnen auch Arsen und Tellur – beeinflussen den Ablauf der Cu-Elektrolyse negativ. Der Einsatz unterschiedlicher kupferhaltiger Materialien, wie er in der DDR notwendig ist, hängt u. a. auch vom Gehalt an solchen Spurenelementen und den Möglichkeiten ihrer Abtrennung in den einzelnen Prozeßstufen ab.

Die der Veröffentlichung zugrunde liegenden Versuche wurden beim Konverterprozeß, im Falle des Einsatzes von Messingschrotten und Rohstein und beim Flammofenprozeß durchgeführt.

In allen Fällen handelte es sich um diskontinuierlich betriebene Prozeßstufen, die in ihrer Gesamtheit, was die Einsatzstoffe und Ausgangsprodukte betrifft, relativ gut überschaubar waren.

2. Lösungsweg

Verallgemeinert lassen sich die untersuchten Prozesse wie folgt beschreiben:

Mehrere Einsatzstoffe gelangen in das betreffende metallurgische Aggregat und werden dort den vom Metallurgen vorgegebenen Bedingungen, die – soweit möglich – kontrolliert werden, unterworfen. Als Endprodukte verlassen im wesentlichen die Komponenten Gas, Schlacke und Kupfer den Prozeß.

Gibt man nun ein Radionuklid bekannter Aktivität des zu untersuchenden Elementes mit den Einsatzstoffen in den Prozeß, setzt eine homogene Durchmischung voraus und bestimmt nach Abschluß des Prozesses die spezifische Aktivität in den Endprodukten, so ist, bei bekannter Masse der einzelnen Endprodukte, eine quantitative Aussage über den Verbleib des markierten Elementes möglich.

Über eine Standardprobe des gleichen Materials ist die gesamte in den Prozeß eingesetzte Radioaktivität als Impulszahl bestimmbar. Dazu wird eine abgewogene Standardmasse in Lösung gebracht und ein Teil dieser Lösung unter den gleichen Bedingungen wie die entsprechende Kupfer- bzw. Schlackenprobe ausgemessen.

Nach der Beziehung:

$$I_{ges} = \frac{Z_{St}}{m_{St}} M_T$$

I_{ges} = Gesamtimpulszahl, Imp./min
Z_{St} = Zählrate des Standards, Imp./min
m_{St} = Standardanteil, g
M_T = Einsatzmasse des Tracers, g

kann diese Gesamtimpulszahl ausgerechnet werden.

Die Impulszahlen für die gesamte Schlacke bzw. das gesamte Kupfer werden wie folgt ermittelt:

$$N_{ges} = \frac{Z_P}{m_P} \cdot M_x$$

N_{ges} = Gesamtimpulszahl für Kupfer bzw Schlacke, Imp./min
Z_P = Zählrate der Probe, Imp./min
m_P = Masse der Meßprobe, g
M_x = Kupfer- bzw. Schlackenmasse, g

Aus dem Verhältnis der jeweiligen Gesamtimpulszahlen läßt sich der Anteil des zugesetzten Radionuklids im Kupfer bzw. in der Schlacke ermitteln.

Für die Markierung kommt die Zugabe einer kleinen, im Kernreaktor aktivierten Probe des speziell zu verfolgenden Einsatzstoffes oder ein radioaktives Nuklid des Elementes, dessen Verbleib festgestellt werden soll, in Frage. Welcher Weg eingeschlagen werden kann, hängt in starkem Maße davon ab, welches Element untersucht werden soll, welche Probenzusammensetzung vorliegt und wie sich die einzelnen Komponenten aktivieren lassen, welche Meßtechnik zur Verfügung steht u. a. m.

Wenn auch dem ersteren Weg der Vorzug zu geben ist, so ist er doch in vielen Fällen nicht zu realisieren. Deshalb ist besonderes Augenmerk auf den eigentlichen Schritt der Markierung zu richten, um gewährleisten zu können, daß das zugesetzte Radionuklid sich in gleicher Umgebung befindet, wie das zu untersuchende Element und vollständig in den Prozeß gelangt. Der meßtechnische Aufwand und die Interpretation der Meßwerte werden dadurch wesentlich einfacher.

Wichtig ist die genaue Erfassung der Massen der einzelnen Produkte. Organisatorische Schwierigkeiten, nicht vorhandene oder ungenaue Meßmittel, aber auch eine nicht vollständige Entleerung der Aggregate bringen dort zusätzliche Probleme.

In einigen Fällen kann dazu ebenfalls die Radionuklid-Tracertechnik Verwendung finden und nach der Isotopenverdünnungsanalyse die jeweilige Masse ermittelt werden.

Eine Bestimmung des während des Prozesses anfallenden Gasvolumens und eine repräsentative Probennahme ist in den untersuchten Aggregaten nur sehr schwer möglich und mit großen

[1]) Anschrift: Freiberg/Sa., Lessingstr. 41

Fehlern behaftet. Deshalb wurde auf eine direkte Messung dieses Anteils verzichtet und dieser bei der Bilanzierung nur rechnerisch ermittelt.

3. Versuchsdurchführung und Auswertung

Die Untersuchungen wurden am Schrottkonverter, am Rohsteinkonverter und am Flammofen durchgeführt. An dieser Stelle soll nur die Untersuchung der Arsenverteilung im Schrottkonverter näher beschrieben werden.

Der Schrottkonverter wird mit Messingschrott und flüssigem Krätzkupfer aus den Schachtöfen der Sekundärkupferanlage beschickt. Als Schlackenbildner wird Quarzsand zugesetzt. Der Blaseprozeß dauert 2 bis 3 Stunden. Das für die Markierung benötigte metallische Arsen wird im Kernreaktor aktiviert und in einer mit Messingspänen gefüllten Aluminiumkapsel während des Schrottsetzens mit in den Konverter gegeben.

Da eine Ermittlung der Schlackenmasse durch Wägung nur bedingt möglich war, wurde von vornherein auf eine radiometrische Bestimmung orientiert. Dazu wurde Na_2CO_3 aktiviert und in einem mit Quarzsand gefüllten Behältnis in den Konverter gegeben. Die Bestimmung der Kupfermasse erfolgte durch bahnamtliche Wägung.

Gleichzeitig mit den für die Markierung vorgesehenen Proben wurden Standards mit aktiviert. In Tab. 1 sind die gewählten Einsatzmassen und Bestrahlungsbedingungen angegeben.

Tab. 1. Einsatzmassen und Bestrahlungsbedingungen

Element bzw. Verbindung	As	Na_2CO_3
Einwaage, mg: Probe	250	0,040
Standard	25	0,008
Bestrahlungszeit, h	1	10
Neutronenfluß, $n/cm^2 \cdot s$	$4 \cdot 10^{13}$	$4 \cdot 10^{13}$
entstehendes Radionuklid	^{76}As	^{24}Na
Halbwertszeit, h	26,7	15,0

Nach Beendigung des Blaseprozesses wurden aus dem Konverter 6 Schlacke- und 4 Kupferproben entnommen. Von der Schlacke kamen jeweils 100 g je Probe und von der Kupferprobe jeweils 20 g zur Messung.

Für die Aktivitätsmessung fand die Meßplatzkombination VA-S-968/VA-V-100/VA-G-120 Verwendung. Nach spektrometrischer Kontrolle der Standards und Proben wurden die speziellen Meßbedingungen festgelegt. Die Proben befanden sich in Plasteflaschen und wurden in diesen durch Aufsetzen auf die Szintillationssonde, wobei auf gleiche Füllhöhe geachtet werden mußte, gemessen. Die Schlacke kam in Pulverform, das Kupfer als Lösung zur Messung.

Bei späteren Untersuchungen erwies sich das Ausmessen von in einen Glaszylinder gebrachten Kupferspänen im Bohrlochkristall als günstiger. Die an den Proben gemessenen Einzelwerte mußten unter Berücksichtigung des Nulleffektes, der Halbwertszeit und des Einflusses einer Strahlungskomponente im Meßkanal der anderen (z. B. ^{24}Na im ^{76}As-Kanal) entsprechend korrigiert werden.

Die Ermittlung der Arsenverteilung wird an Hand der Einzelmeßwerte nach den o. a. Formeln vorgenommen. Die entsprechenden Zahlen sind in Tab. 2 und 3 zusammengestellt.

Tab. 3. Arsenbilanz

Versuch Nr.	Arsenverteilung, %		
	Kupfer	Schlacke	Gas (errechnet)
1	22,5 ± 0,7	11,8 ± 0,3	65,7
2	15,2 ± 0,4	11,2 ± 0,3	73,6

4. Einschätzung der Tracermethode

Die Tracermethode ist sehr elegant und vielseitig einsetzbar und ermöglicht Messungen, die mit klassischen Methoden nicht oder nur mit besonders hohem Aufwand möglich sind.

Da man aber durch Zusatz von oft nur sehr kleinen Einsatzmassen des Tracers von nur einigen Milligramm über eine Gesamtmasse von einigen Tonnen Rückschlüsse und quantitative Aussagen treffen will, ist besondere Sorgfalt notwendig. So ist besondere Aufmerksamkeit auf die Herstellung, Verarbeitung und das Ausmessen der Standards zu verwenden, wobei auch Unterschiede bei verschiedenen Bestrahlungspositionen im Reaktor einzukalkulieren sind.

Die Zugabe der Radionuklide in den Prozeß hat so zu erfolgen, daß sie sich wie die zu untersuchenden Anteile der Einsatzstoffe verhalten.

Der Strahlenschutz ist von Fall zu Fall gesondert zu betrachten. Bei kurzlebigen Nukliden (wie ^{24}Na, ^{64}Cu, ^{76}As) sind die einzusetzenden Aktivitäten — wegen der durch den Prozeßablauf bedingten Zeitspanne zwischen Versuchsbeginn und Ausmessen der Proben — relativ hoch. Das macht eine gute Ar-

Tab. 2. Ermittlung der Arsenverteilung

	Kupfer		Schlacke	
	1 µg As ≙ 3624 Imp./min		µg As ≙ 8783 Imp./min	
Versuchs-Nr.	1	2	1	2
radioaktive Einsatzmasse, g	0,2507	0,2500	0,2507	0,2500
Gesamtimpulszahl, Imp./min	$9{,}08 \cdot 10^8$	$9{,}06 \cdot 10^8$	$2{,}202 \cdot 10^9$	$2{,}195 \cdot 10^9$
Probenmasse, g	20	20	100	100
Gesamtmasse, g	$7{,}0 \cdot 10^6$	$10{,}0 \cdot 10^6$	$4{,}4 \cdot 10^6$	$5{,}2 \cdot 10^6$
Zählrate der Meßprobe, Imp./min	583	277	5916	4724
Zählrate i. d. gesamten Masse Imp./min	$2{,}04 \cdot 10^8$	$1{,}38 \cdot 10^8$	$2{,}60 \cdot 10^8$	$2{,}46 \cdot 10^8$
Arsenanteil, %	22,5	15,2	11,8	11,2

beitsorganisation bis zur Zugabe der Präparate notwendig. Eine sehr starke Verdünnung und kein ständiger direkter Kontakt mit den markierten Produkten lassen die Verarbeitung im Betrieb ohne Schwierigkeiten zu. Bis die Endprodukte das Werk verlassen, ist die Aktivität bis unter die MZK-Werke abgeklungen.

Bei langlebigen Nukliden sind die einzusetzenden Aktivitäten, um eine unzulässige Belastung der Endprodukte zu vermeiden, unter Einkalkulierung längerer Meßzeiten möglichst niedrig zu halten. Mit einer erhöhten Strahlenbelastung während der Betriebsversuche ist in diesen Fällen nicht zu rechnen.

Eingegangen am 31. 10. 1978

Untersuchung von Strömungs- und Erstarrungsvorgängen beim kontinuierlichen Aluminiumguß

W. Böhme, J. Holzhey

(VEB Mansfeld Kombinat „Wilhelm Pieck", Forschungsinstitut für NE-Metalle Freiberg)[1]

Beim Breitbandgießwalzen von Aluminium (Hunter-Anlage) und beim Gießwalzen von Schmalband (Rotary-Anlage) wurden Untersuchungen mit dem Radioisotop ^{198}*Au durchgeführt, deren Ziel die qualitative und quantitative Verbesserung der Produktion von Aluminiumhalbzeugen auf diesen Anlagen war. Es wird gezeigt, daß das autoradiographische Verfahren eine geeignete Methode ist, um Probleme wie die optimale Gestaltung des Gießtraktes oder die Ermittlung der günstigsten Gießparameter zu lösen. Eine Gegenüberstellung von Autoradiogrammen und metallographischen Darstellungen zeigt, daß auch strukturelle Unterschiede im Metallgefüge mit Hilfe der Autoradiogramme besser interpretiert werden können und sich somit die Aussagekraft derartiger Untersuchungen erhöht.*

(D24) INIS DESCRIPTORS:

aluminium; autoradiography; casting; gold 198; liquid flow; metallography; rolling; solidification; tracer techniques

1. Einleitung

Eine moderne und entwicklungsfähige Formgebungstechnologie für Aluminium ist das Gießwalzen. Es zeichnet sich dadurch aus, daß gegenüber der traditionellen Fertigungstechnologie — Stranggguß — Gußbearbeitung — Vorwärmung — Warmwalzen — direkt aus der flüssigen Phase haspelbare Gießwalzbänder erzeugt werden können. Diese relativ neue Technik ist noch nicht in allen Stufen hinreichend erkundet, so daß prinzipiell vorhandene Möglichkeiten ungenutzt bleiben oder Produktionsstörungen sowie Qualitätsminderungen am Gießband auftreten, deren Ursachen bisher ungeklärt blieben.

Da die im Schmelzfluß und in weitgehend geschlossenen Systemen ablaufenden und für die Produktivität der Anlage und die Qualität des Metallbandes bedeutsamen Vorgänge wie die Metallströmung und -erstarrung anderweitig nicht oder nur indirekt erfaßbar sind, wurde zu deren Untersuchung auf die Anwendung radioaktiver Isotope zurückgegriffen.

2. Versuche an der Hunter-Anlage

Abb. 1 zeigt eine Prinzipskizze der Hunter-Anlage zum kontinuierlichen Guß von Aluminiumbreitband mit einer Breite von 800 mm und einer Dicke von ca. 8 mm.

Das durch den Gießtrakt und Gießtrichter strömende flüssige Aluminium gelangt in den Walzspalt, erstarrt und tritt nach einer Warmformgebung als fertiges Aluminiumgießband aus.

Für die Qualität des Gießbandes und für ein stabiles Laufen der Anlage ist die Geometrie des Strömungsteilers im Gießtrichter von ausschlaggebender Bedeutung. Durch Größe und Lage der Öffnungen des Strömungsteilers können die Durchflußmengen M_1, M_2 und M_3 (Abb. 2) gesteuert werden. Letztere sollen

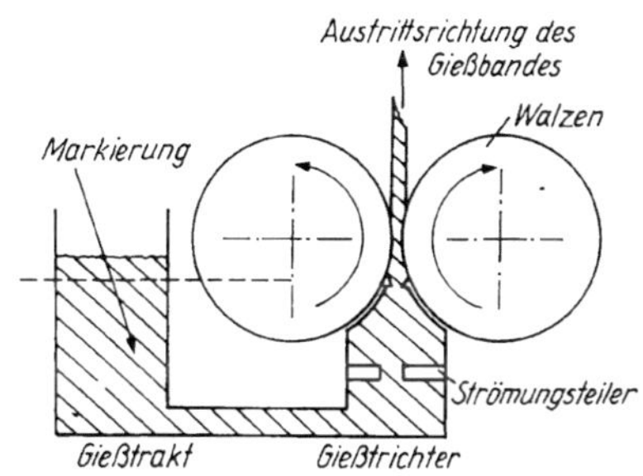

Abb. 1. Prinzipskizze der Hunter-Anlage

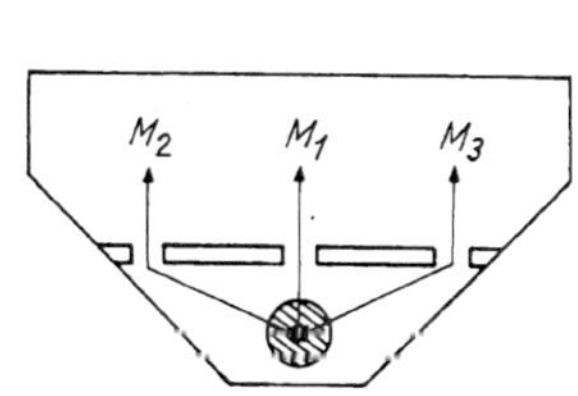

Abb. 2. Gießtrichter mit Strömungsteiler, schematisch

weitgehend konstant sein, was nur bei annähernd gleicher Strömungsgeschwindigkeit über die Breite des Gießtrichters erreicht werden kann.

Eine Möglichkeit zur Optimierung der Geometrie des Strömungsteilers im Gießtrichter ergibt sich aus der Messung der Temperaturverteilung durch die Anordnung einer Vielzahl von Mantelthermoelementen im Walzspalt. Diese Methode bereitet einige experimentelle Schwierigkeiten und gibt den Temperaturverlauf und damit die Strömungsverhältnisse, bedingt durch den endlichen Abstand der Thermoelemente, nicht exakt wieder. Eine weitere Möglichkeit bietet die Anwendung von Radiotracern. Mit deren Hilfe kann die Metallströmung im Gießtrichter

[1]) Anschrift: 92 Freiberg/Sa., Lessingstr. 41

direkt erfaßt werden, und die Versuchsdurchführung und -auswertung sind relativ einfach. Aus diesen Gründen kam die Tracermethode zum Einsatz.

Die radioaktive Markierung der Schmelze erfolgte im Niveaugefäß durch Eintauchen eineskleinen Stücks Vorlegierung, die das Isotop ^{198}Au enthielt. Die Legierung schmilzt hier schnell auf und verteilt sich innerhalb des Gießstrahles im schmelzflüssigen Aluminium. Entsprechend den Strömungsverhältnissen im Gießtrichter eilt markiertes Metall vor oder bleibt zurück. Infolge der schnellen Erstarrung des Aluminiums friert dieser Zustand im Aluminiumband ein und gibt später das autoradiographische Strömungsbild wieder. Am fertigen Aluminiumgießband wurde zwecks Entnahme der zu untersuchenden Probe die Grenze zwischen radioaktivem und inaktivem Gießband durch Aktivitätsmessung unter Zuhilfenahme eines gut kollimierten Detektors ermittelt. Die Probe wurde im Grenzbereich aktiv — inaktiv mit dem Röntgenfilm TF-13 belegt. Abb. 3 zeigt ein auf diese Weise erhaltenes Autoradiogramm bei unbefriedigender Gestaltung des Strömungsteilers.

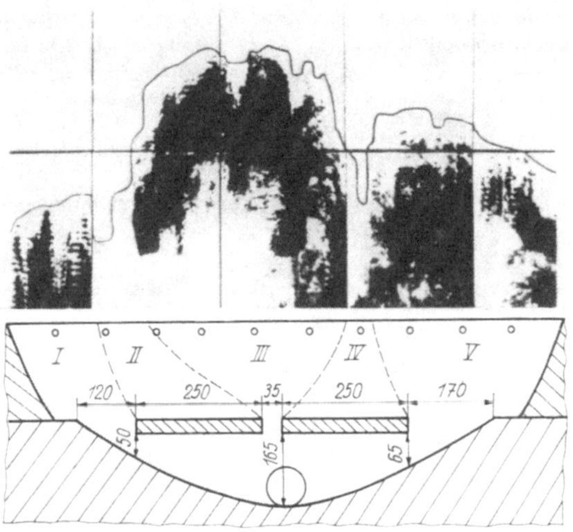

Abb. 3. Autoradiogramm über die Gießbandbreite bei unbefriedigender Gestaltung des Strömungsteilers

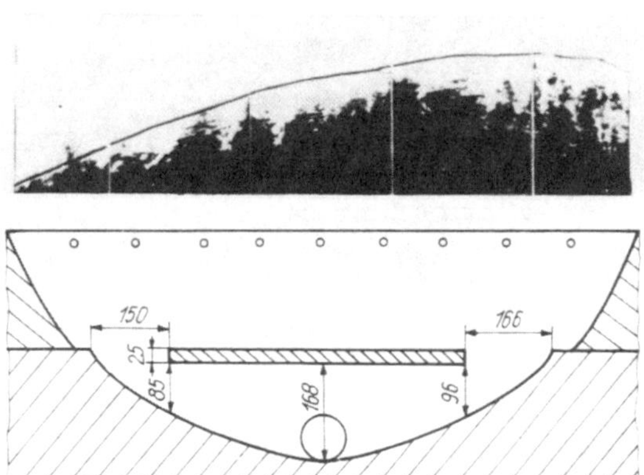

Abb. 4. Autoradiogramm über die Gießbandbreite bei verbesserter Gestaltung des Strömungsteilers

Aus dem Autoradiogramm ist deutlich zu entnehmen, daß die Durchflußmenge durch die mittlere Öffnung des Strömungsteilers größer ist als durch die seitlichen Öffnungen. Außerdem ist eine asymmetrische Mengenverteilung zu erkennen.

Parallel durchgeführte metallographische Untersuchungen zeigten Strukturunterschiede im Gießband, die den autoradiographisch nachgewiesenen Strömungsunterschieden gut zuzuordnen sind und die besonders an Stellen turbulenter Strömung auftreten, die gleichfalls im Autoradiogramm zu sehen sind.

Abb. 4 zeigt das Autoradiogramm eines Gießbandes, bei dem die mittlere Öffnung des Strömungsteilers geschlossen wurde. Es ist eine deutliche Verbesserung der Strömungsverhältnisse zu erkennen. Aus dem Autoradiogramm läßt sich entnehmen, daß durch die rechte Öffnung des Strömungsteilers, bedingt durch die größere Öffnungsbreite, eine größere Menge Alumnium fließt als durch die linke Öffnung.

Durch weitere Versuche dieser Art war es möglich, eine optimale Dimensionierung des Verteilers zu finden, die sowohl die Stabilität des Gießbetriebes als auch die Qualität des Gießbandes erheblich verbesserten.

3. Versuche an der Rotary-Anlage

Bei den Untersuchungen an der Rotary-Anlage galt es, die Phasengrenze flüssig-fest im kontinuierichl gegossenen Aluminiumband sichtbar zu machen, da es möglich ist, aus der Form und der Länge des Schmelzsumpfes Rückschlüsse auf die Fahrweise der Anlage zu ziehen.

Abb. 5 zeigt eine Prinzipskizze der Rotary-Anlage, auf der Aluminiumband von 240 mm Breite und ca. 25 mm Dicke kontinuierlich gegossen wird.

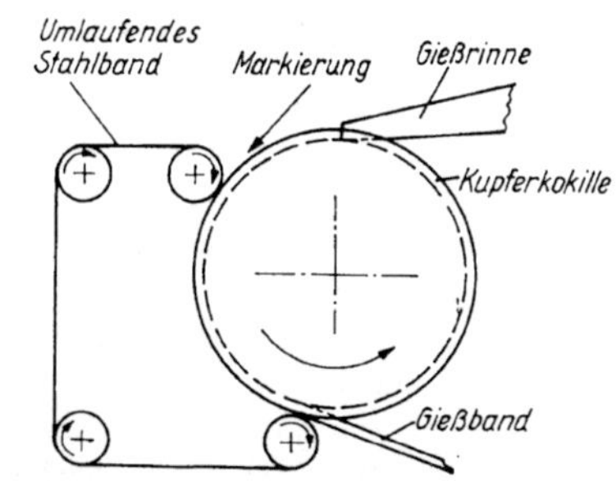

Abb. 5. Prinzipskizze der Rotary-Anlage

Für die vorgesehene Untersuchung wurde als Radiotracer wiederum ^{198}Au eingesetzt. Die Zugabe des Strahlers erfolgte hier jedoch in Form einer Vorlegierung schmelzflüssig in die Gießrinne. Das zu entnehmende Stück Probenmaterial wurde durch Aktivitätsmessungen am austretenden Gießband ermittelt. Die autoradiographische Auswertung erfolgte mit dem Makroautoradiographiefiilm AF-3.

Abb. 6 zeigt die Ausbildung des Schmelzsumpfs bei unterschiedlichen Umdrehungsgeschwindigkeiten der Kupferkokille.

Bei guter Kühlung der Kupferkokille und des Stahlbandes und bei hoher Umdrehungsgeschwindigkeit der Kupferkokille wurde eine Sumpftiefe von 37 cm ermittelt.

Die Ergebnisse dieser Untersuchungen waren für den Betrieb in zweierlei Hinsicht bedeutungsvoll.

Zunächst konnte festgestellt werden, daß auf Grund der geringen Sumpftiefe von 37 cm das Leistungsvermögen der Rotary-Anlage nicht erschöpft ist. Das bedeutet, daß unter gleichbleibenden Kühlbedingungen die Gießgeschwindigkeit (Umdrehungsgeschwindigkeit der Kupferkokille) und damit die Produktivität der Anlage erhöht werden kann.

Eine weitere, nicht unwesentliche Aussage dieser Untersuchungen betrifft die Kühlung der Kokille. Das in die Kokille fließende Aluminium wird von der Kokillenseite und vom umlaufenden Stahlband mit Wasser gekühlt. Ist der Temperatur-

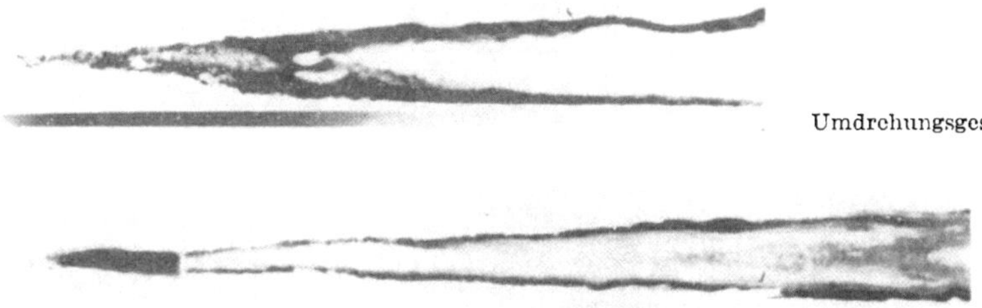

Umdrehungsgeschwindigkeit der Kokille klein

Umdrehungsgeschwindigkeit der Kokille groß

Abb. 6. Ausbildung des Schmelzsumpfs bei der Rotary-Anlage

gradient nach beiden Seiten gleich groß, so bildet sich ein symmetrischer Schmelzsumpf aus, wie er in Abb. 6 im unteren Autoradiogramm zu sehen ist.

Für den Produktionsprozeß ist ein symmetrisch ausgebildeter Schmelzsumpf bzw. eine symmetrische Erstarrung wichtig, weil dadurch die Wannenrißbildung vermindert und eine gleichmäßige Metallstruktur erhalten wird.

An Hand der Versuchsergebnisse konnte die Kühlung der Anlage optimiert werden.

4. Zusammenfassung

Untersuchungen über die Metallströmung und -erstarrung mit Hilfe radioaktiver Isotope an einer Hunter- und einer Rotary-Anlage — beide sowjetischer Bauart — zeigten, welche Möglichkeiten es zur Ermittlung der optimalen Arbeitsparameter derartiger Aggregate durch Anwendung der Radiotracertechnik gibt.

Die radioaktive Markierung der Schmelze mit ^{198}Au erfolgte bei der Hunter-Anlage durch Eintauchen einer das ^{198}Au enthaltenden festen Aluminiumvorlegierung in die Schmelze. Bei der Rotary-Anlage wurde die ^{198}Au enthaltende Vorlegierung zur Markierung der Schmelze dagegen schmelzflüssig zugesetzt.

Die Auswertung des Probenmaterials wurde autoradiographisch mit dem Makroautoradiographiefilm AF-3 durchgeführt.

In beiden Fällen ergaben sich nützliche praktische Schlußfolgerungen.

Die erfolgreiche Durchführung der beschriebenen Untersuchungen war nur durch die gute Unterstützung von Seiten der Mitarbeiter Dipl.-Ing. *D. Engelhardt* und Dipl.-Ing. *W. Schneck* des VEB Leichtmetallwerk Nachterstedt im VEB Mansfeld-Kombinat „Wilhelm Pieck" möglich. Dafür möchten sich die Verfasser an dieser Stelle herzlich bedanken.

Eingegangen am 31. 10. 1978

Anwendung von Radioisotopen zur Lösung hydrometallurgischer Probleme bei der Aluminium- und Kupfergewinnung

T. S. Urbański, M. Strzelecki, K. Zwoliński, K. Malex-Czechowska

(Institut für Kernforschung, Warszawa, VR Polen)[1]

Es wird die Anwendung von Radioisotopenmethoden zur Untersuchung hydrodynamischer Vorgänge in mehrphasigen Prozessen der Hydrometallurgie dargestellt.
Untersucht wurden die Extraktion des Kupfers aus Kupferkonzentraten mit Hilfe einer Eisensulfatlösung, der Entkieselungsprozeß von Natriumaluminat (bei der Herstellung des Al_2O_3 nach dem Grzymek-Verfahren) und die dazugehörige Apparatur. Weitere Untersuchungen galten der Hydrodynamik der festen Phase in einer mehrstufigen Apparatur zur kontinuierlichen ammoniakalischen Hydrolyse des alkalischen Aluminium-Ammonium-Vitriols (bei der Herstellung des $Al_2O_3 \cdot 7\,H_2O$). Außerdem werden einige Laboruntersuchungen über die Kupfergewinnung aus Abfallrohstoffen mit Hilfe der Flüssig-Flüssig-Extraktion beschrieben.

(D24) INIS DESCRIPTORS:

aluminium; bromine 82; copper; copper 64; gold 198; hydrodynamics; hydrolysis; hydrometallurgy; liquid wastes; radiocolloids; reprocessing, sodium 24; solvent extraction; tracer techniques; zinc 65

Die Methoden der Tracertechnik können bei der Lösung der verschiedensten hydrometallurgischen Probleme, die sowohl die Prozesse selbst als auch die angewandten Apparate betreffen, mit Erfolg eingesetzt werden. Zu solchen Problemen gehören z. B. die Hydrodynamik der flüssigen und in der Flüssigkeit aufgeschlämmten festen Phase in den kontinuierlichen hydrometallurgischen Durchflußapparaturen, die Vermischung der aufgeschlämmten festen Phase in den diskontinuierlich arbeitenden Apparaturen sowie die Verteilung der Metalle zwischen organischer und wäßriger Phase bei den Flüssig-Flüssig-Extraktionsprozessen. Die Lösung solcher Probleme ist auf die Optimierung der Parameter der technologischen Prozesse und die Verbesserung und Modernisierung der Apparaturen gerichtet.

Erforschung der Hydrodynamik der Phasen in kontinuierlichen hydrometallurgischen Apparaturen

Die Erforschung der Hydrodynamik der Materialien in Mehrphasensystemen ist mit Hilfe der Impuls-Response-Methode am aussichtsreichsten, und sie ist manchmal nur unter Anwendung

[1]) Anschrift: 03-195 Warszawa, ul. Dorodna 16 (VR Polen)

Tab. 1. Heterophasen-Systeme, an denen die Hydrodynamik von Materialien untersucht wurde

System	Prozeß	Apparatur	Untersuchte Phase	Radiotracer
Kupferkonzentrat-Eisensulfat-Lösung oder ein Modellsystem: Kupferkonzentrat-Wasser	Kupferlaugung	Halbtechnische Laugeapparaturen verschiedener Art (zylindrische, horizontale Kolonnen mit rotierenden Scheiben, Kolonnen mit Außenmischzonen)	Feste Phase (Kupferkonzentrat)	^{64}Cu oder kolloidales ^{198}Au
			Flüssige Phase ($Fe_2(SO_4)_3$-Lösung oder Wasser)	^{24}Na als NaCl-Lösung
DK-Staub-Na_2CO_3-Lösung	Aluminiumlaugung bei der Herstellung des Al_2O_3 nach der *Grzymek*-Methode	Vertikaler industrieller Extraktor	Feste Phase (DK-Staub)	^{24}Na in Glaspulver
			Flüssige Phase (Na_2CO_3 + Na_3AlO_3-Lösung)	^{24}Na als NaCl-Lösung
Alkalisches Aluminium-Ammonium Vitriol. ZSGA-Hydrolyse-Lösung	Hydrolyse des ZSGA	Gegenstrombatterie aus Mischern und Absetzapparaten	Feste Phase (ZSGA)	Kolloidales ^{198}Au
			Flüssige Phase (Hydrolyselösung)	^{24}Na als NaCl-Lösung

von Radiotracern möglich. Bei diesen Untersuchungen, und hier insbesondere im Falle von Heterophasen-Systemen, ist die richtige Auswahl des Tracers sehr wichtig, damit der Charakter des Durchflusses der einzelnen Phasen durch den Reaktor eindeutig bestimmt werden kann. Die Tracer müssen individuell für jedes System und jeden Prozeß ermittelt werden, um folgende Bedingungen zu erfüllen:

Es darf kein Austausch des Tracers erfolgen, das heißt, die Tracer müssen während der ganzen Zeit des Prozeßablaufes nur in den markierten Phasen des Systems verbleiben;

Die Tracer müssen Kerneigenschaften haben, die die günstige Messung ihrer Strahlung gewährleisten und die radiologische Gefährdung weitestgehend einschränken.

In Tab. 1 sind die Systeme zusammengestellt, in denen die Untersuchung der Hydrodynamik von Materialien mit Hilfe der Radiotracer-Methode durchgeführt wurde.

Die Laugung des Kupfers aus dem Flotationskonzentrat mit Eisensulfatlösung ist die erste Etappe einer der Varianten der in Polen zu bearbeitenden Technologien zur Kupferherstellung. In diesem Prozeß untersuchte man die Hydrodynamik der flüssigen und festen Phase in halbtechnischen kontinuierlichen Laugungsapparaturen verschiedener Konstruktion, wobei die Konstruktionselemente und Prozeßparameter geändert wurden. Als Tracer der festen Phase (Konzentrat) wurde das Radioisotop ^{64}Cu im direkt bestrahlten Konzentrat (bei Untersuchungen am Modellsystem mit Wasser als flüssiger Phase) oder kolloidales ^{198}Au verwendet. Der Tracer der flüssigen Phase war ^{24}Na in Form einer Natriumchloridlösung. Auf diese Weise war es möglich, die Strahlung beider Tracer gleichzeitig zu messen. Die Messung erfolgte mit Szintillationssonden und einem Vielkanalanalysator mit zwei oder mehreren Meßwegen oder mit Einkanalanalysatoren unter der Bedingung, daß der Einfluß der *Compton*strahlung des ^{24}Na auf den Untergrund des Meßgerätes, das die Strahlung der niedrigen Energie des ^{64}Cu oder ^{198}Au mißt, beachtet wird. In Abb. 1 ist das Gammaspektrum der mit ^{24}Na markierten flüssigen Phase dargestellt. Dieses Spektrum war am Anfang des Laugungsprozesses und nach seiner Beendigung gleich. ^{198}Au ist in der wäßrigen Phase praktisch nicht vorhanden das heißt, die Adsorption des kolloidalen Goldes auf den Kupferkonzentratkörnern ist dauerhaft. Abb. 2 zeigt das Gammaspektrum der mit ^{198}Au markierten festen Phase nach Beendigung des Laugungsprozesses. Die Adsorption von ^{24}Na auf fester Phase ist mit 2 ... 3% sehr gering, so daß daraus kein wesentlicher Fehler bei der Strahlungsmessung von ^{198}Au entsteht, weil unter diesen Umständen der Einfluß der *Compton*strahlung minimal ist.

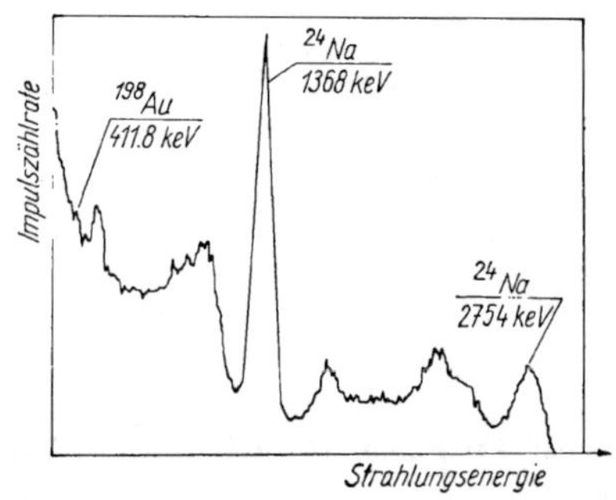

Abb. 1. Gammaspektrum einer mit ^{24}Na markierten Eisensulfatlösung nach der Laugung des mit kolloidalem ^{198}Au markierten Kupferkonzentrates

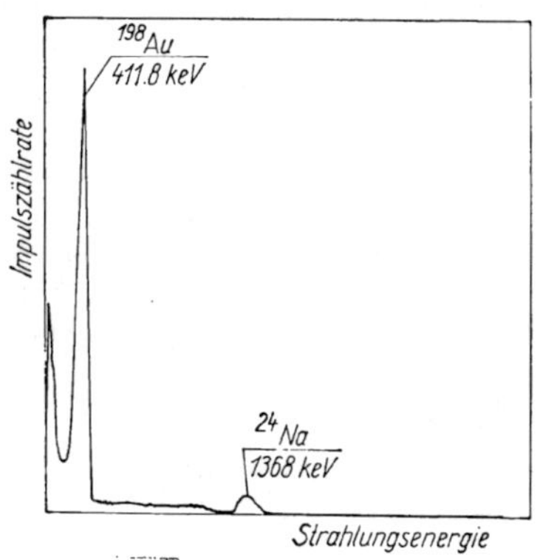

Abb. 2. Gammaspektrum eines mit ^{198}Au markierten Kupferkonzentrates nach der Laugung mit einer mit ^{24}Na markierten Eisensulfatlösung

Die sich ergebenden Responsekurven bezüglich der Impulsmarkierung in der Zulaufleitung des Reaktors wurden mathematisch mittels Computer bestimmt. Auf diese Weise erhielt man die mittleren Verweilzeiten $\bar{t}$, die Variation der Responsekurven σ^2, die *Peclet*-Zahlen *Pe*, die Modalwerte *m* und die Anzahl von Stufen der idealen Vermischung nach der Variation $n(\sigma^2)$ und nach dem Modalwert $n(m)$, weiter die Verteilungsfunktionen der Verweilzeit E, F, I, λ und auch den Vergleich der Responsekurven F der Apparaturen mit dem theoretischen Verlauf dieser Kurven für das Kammermodell mit N Stufen der idealen Vermischung einschließlich des Korrelationskoeffizienten. Auf Grund dieser Ergebnisse wurde eine Reihe von Vorschlägen zur Optimierung von Konstruktionselementen der Apparaturen und von Arbeitsparametern dieses Laugungsprozesses erarbeitet. Dabei wurde festgestellt, daß im untersuchten System für die flüssige und die aufgeschlämmte feste Phase in den verschiedenen Apparaturen praktisch derselbe Gleichstromdurchfluß vorliegt.

In der Technologie der Aluminiumoxid-Produktion nach der *Grzymek*-Methode ist die Aluminium-Laugung aus DK-Staub mit Soda-Lösung einer der Hauptprozesse. In diesem Laugungsprozeß wurde die Hydrodynamik der festen und flüssigen Phase untersucht, um die beste Rührerart zu ermitteln und verschiedene Arbeitsparameter zu optimieren. Die Untersuchung erfolgte in industriellen vertikalen Extraktoren, die mit Rührern verschiedener Art ausgestattet wurden. Als Tracer sowohl für die flüssige als auch die feste Phase wurde ^{24}Na verwendet; deshalb wurde die Hydrodynamik der beiden Phasen in getrennten Experimenten untersucht. Die flüssige Phase wurde mit einer ^{24}Na enthaltenden Natriumchlorid-Lösung markiert und die feste Phase mit pulverisiertem Natriumglas, dessen Dichte und Granulation denen des DK-Staubes ähnlich war. Dieses Glas wurde direkt im Kernreaktor bestrahlt. Bei dieser Untersuchung erfolgte eine Impulsmarkierung wie im Falle der Kupferlaugung. Die Strahlung wurde mit Szintillationssonden an verschiedenen Stellen außerhalb der Apparatur und an deren Ausgang gemessen und registriert. Die Messungen mit den außerhalb der Apparatur angeordneten Szintillationssonden hatten den Zweck einer halbquantitativen Bestimmung der Arbeit verschiedener Apparatezonen. Die Responsekurven wurden wie im Falle der Kupferlaugung ermittelt.

Mit den Isotopenmethoden kann man die Hydrodynamik der Phasen nicht nur in einzelnen Apparaturen, sondern auch in den kompletten technologischen Linien untersuchen. Als Beispiel dafür soll hier die Untersuchung der Phasenhydrodynamik bei der Hydrolyse des alkalischen Aluminium-Ammonium-Vitriols (ZSGA) in einer halbtechnischen vielstufigen Gegenstrombatterie aus Mischern und Absetzapparaten beschrieben werden. Diese Hydrolyse ist ein Teilprozeß der Aluminiumgewinnung aus inländischen Rohstoffen nach der *Bretsznajder*-Methode. Die Hydrodynamik der Phasen wurde sowohl in einzelnen Mischern und Absetzapparaten als auch in Reihen dieser Apparate und in der ganzen Linie untersucht. Als Tracer für die flüssige Phase wurde ^{24}Na enthaltende Natriumchloridlösung verwendet. Die Markierung der festen Phase war ein spezielles Problem, weil sich diese während des Prozesses wesentlich ändert und sich von ihren Komponenten nur das Aluminium nicht mit der Lösung umsetzt. Aluminium besitzt aber keine für derartige Untersuchungen günstigen Radioisotope. Deshalb wurde ein Ersatztracer angewandt, der auf den ZSGA-Körnern adsorbiert war und der unter den Bedingungen des Prozesses auch während der Umsätze fest an diese gebunden blieb. Von einigen untersuchten potentiellen Tracern erschien kolloidales ^{198}Au am besten geeignet. Die Impulsmarkierung wurde an verschiedenen Punkten des Systems vorgenommen. Auch die Abstände der Szintillationssonden an den Apparaturen wurden entsprechend dem Ziel der einzelnen Versuchsserien geändert. Die Szintillationssonden waren mit Einkanalanalysatoren des Gerätesystems Standard 70, das mit Schreibern und Druckern ausgestattet ist, verbunden. Die Messungen wurden im Multiskalersystem durchgeführt. Die Responsekurven bearbeitete man ähnlich wie in den Fällen vorher, und als Resultat der Experimente wurden hydrodynamische Modelle des Durchflusses der flüssigen und der festen Phase durch die Hydrolyse- und Spülsektionen vorgeschlagen. Man stellte fest, daß die an irgendeinem Punkt des Systems eingeführte Flüssigkeit sich gut im gesamten Volumen vermischt, obwohl der Charakter ihres Durchflusses sich wesentlich ändert. Die mittlere Verweilzeit der festen Phase ist mehrfach länger als die der flüssigen. In diesem System treten in gewissen Anteilen der festen Phase Rückströme auf, Nebenströme sind nicht vorhanden, und die toten Volumina sind nicht groß.

Erforschung der Vermischung von fester und flüssiger Phase in diskontinuierlichen hydrometallurgischen Apparaturen

Bei der Entkieselung der Natriumaluminat-Lösung für die Aluminiumoxidherstellung nach der *Grzymek*-Methode wurde mit Hilfe von Radiotracern die Zeit für die vollständige Vermischung von Kalziumlauge ermittelt. Die Bestimmung erfolgte in industriellen, diskontinuierlich arbeitenden Reaktoren mit verschiedenen Mischprinzipien. Außerdem wurde die Durchflußgeschwindigkeit in den Mischkolonnen während des pneumatischen Mischens bestimmt. Als Tracer wurde im Falle der Vermischungsuntersuchung ^{24}Na enthaltende Natriumchlorid-Lösung angewandt, die an der Zulaufleitung der Kalziumlauge impulsförmig in die Apparatur eingeführt wurde. Bei der Bestimmung der Strömungsgeschwindigkeit in der pneumatischen Mischkolonne wurden die Radioisotope ^{82}Br und ^{24}Na verwendet. Bei den aufeinanderfolgenden Versuchsserien, die in der gleichen Charge durchgeführt wurden, kamen zunehmende Aktivitäten zum Einsatz. Die Markierungen erfolgten mit einer speziellen Druckdosieranlage (Abb. 3 und 4). Die Messung der Zeit für die vollständige Vermischung wurde mit einer Reihe von außerhalb des Reaktors angeordneten Szintillationssonden, verbunden mit Integratoren und Schreibern, durchgeführt. Die Messung der Strömungsgeschwindigkeit in der pneumatischen Mischkolonne ist mit vier Szintillationssonden durchgeführt worden. Die Szintillationssonden waren mit einem Vielkanalanalysator, der im Multiskaler-System mit einer Zählzeit von 0,05 bis 0,1 Sekunden arbeitete, verbunden.

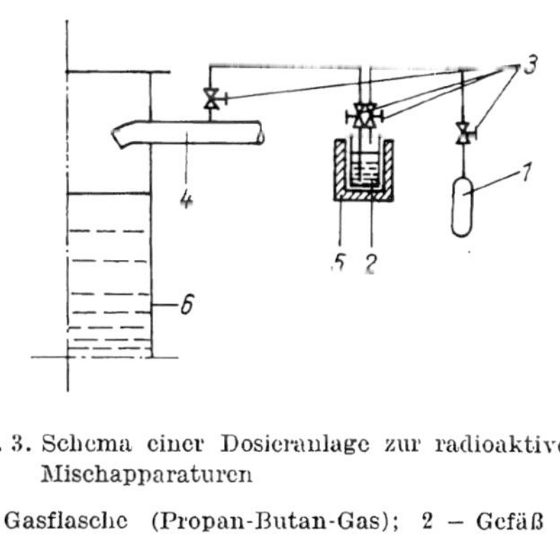

Abb. 3. Schema einer Dosieranlage zur radioaktiven Markierung von Mischapparaturen

1 – Gasflasche (Propan-Butan-Gas); 2 – Gefäß mit Tracerlösung; 3 – Gasventile; 4 – Zuleitung der Kalziumlauge; 5 – Bleiabschirmung; 6 – Reaktor

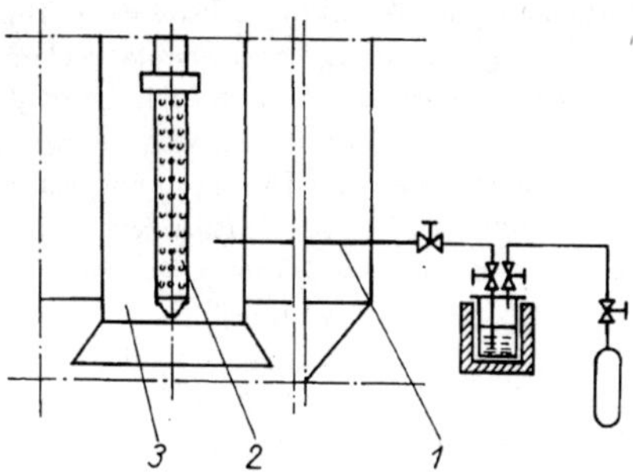

Abb. 4. Schema einer Dosieranlage zur radioaktiven Markierung pneumatischer Rührapparaturen

1 – Zuleitung der Tracerlösung; 2 – Rührgebläse; 3 – Rohr der Mischkolonne

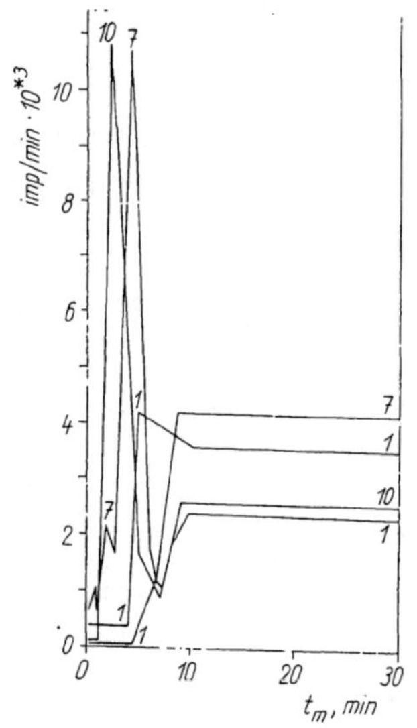

Abb. 5. Die von einzelnen Meßsonden registrierten Impulszählraten in Abhängigkeit von der Mischzeit in einem Reaktor mit pneumatischem Rührwerk

Die Sonden 1, 4 und 7 waren parallel zur Reaktorachse im oberen Reaktorniveau, die Sonde 10 im Kegelteil des Reaktors installiert.

Als Zeit für die vollständige Vermischung nahm man die Zeit vom Moment der Tracerzugabe bis zum Moment, in dem die Aufzeichnungen aller Meßsonden konstant waren, an. Ein Beispiel der Aufzeichnungen für einige ausgewählte Szintillationssonden zeigt Abb. 5. Die lineare Geschwindigkeit in der pneumatischen Mischkolonne berechnete man auf Grund der Zeitunterschiede zwischen den maximalen Anzeigen der Szintillationssonden. Die Bilanzierung der Traceraktivität diente zur Berechnung des Anteiles der Flüssigkeit, der sich durch Spalten zwischen den Segmenten der Kolonne nach außerhalb ergoß.

Ähnliche Untersuchungen über die Vermischung der aufgeschlämmten festen Phasen wurden für Extraktionsschlammmischer nach der Aluminium-Extraktion mit Kalziumschlamm, bei denen die festen Phasen durch Adsorption von kolloidalem ^{198}Au markiert wurden, durchgeführt.

Laboruntersuchungen über die Metallverteilung bei Flüssig-Flüssig-Extraktionsprozessen

Es wurden Untersuchungen zur Kupfer- und Zinkgewinnung aus Sekundärrohstoffen durchgeführt, deren Ziel es war, Verfahrensparameter für die hydrometallurgische Rückgewinnung dieser Metalle durch Flüssig-Flüssig-Extraktion unter Anwendung kationenaustauschender Extrahenten zu erhalten. Bei derartigen Arbeiten werden im allgemeinen Radiotracermethoden angewendet, sofern für die zu untersuchenden Metalle entsprechende Radioisotope verfügbar sind. Für diese Untersuchungen wurden zur Erforschung der Kinetik und des Gleichgewichtes der Kupfer- und Zink-Extraktion aus Ammonium-Lösungen mit den Extrahenten LIX 64N, einem polnischen Ersatz und Hostarex DK-16, sowie der Zink-Extraktion mit dem Ammonium-Salz der Bis-(2-ethylhexyl)-phosphorsäure die Radioisotope ^{64}Cu und ^{65}Zn angewandt. Da in diesem Falle gleichzeitig zwei Radioisotope in den Lösungen enthalten sind, wurde die Gammastrahlung der Proben aus der wäßrigen und der organischen Phase mit Hilfe eines Vielkanalanalysators gemessen.

Eingegangen am 31. 10. 1978

Erfahrungen mit der radiometrischen Dichtemessung in der Erzaufbereitung und Tonerdefabrik

J. Schwarzlose

(VEB Mansfeld-Kombinat „Wilhelm Pieck", Forschungsinstitut für NE Metalle, 92 Freiberg)[1]

Es wird über den Aufbau technischer Anlagen zur kontinuierlichen Bestimmung von Dichtewerten an Trüben und Lösungen nach dem Gammaabsorptionsverfahren berichtet.
Im Vordergrund stehen praktische Gesichtspunkte. Behandelt werden notwendige Voraussetzungen für den sinnvollen Einsatz, die optimale Gestaltung der Meßanordnung und die eingesetzten Geräte.
In der Vergangenheit konnten beim Aufbau von Dichtemeßanlagen zahlreiche Erfahrungen gesammelt werden. Diese Anlagen wurden bei relativ geringem Kostenaufwand mit handelsüblichen Geräten aufgebaut. Die erzielten Ergebnisse sind gut und genügen den betrieblichen Forderungen. Damit wurden Möglichkeiten zur ständigen Produktionsüberwachung und zur Automatisierung von Produktionsabschnitten mit teilweise erheblichem ökonomischem Nutzen geschaffen.

(D22) INIS DESCRIPTORS:

clays; densimeters; density; fabrication; ore processing; radiometric gages; tin

1. Einleitung

In den vergangenen Jahren erfolgten zahlreiche Untersuchungen zur radiometrischen Dichtemessung nach dem Gammaabsorptionsverfahren. Über Ergebnisse und Erfahrungen soll hier berichtet werden, wobei in erster Linie praktische Gesichtspunkte behandelt werden.

Die Erzaufbereitung und die Tonerdefabrik sind für den Isotopentechniker ein dankbares Betätigungsfeld. An vielen Stellen müssen Dichte- bzw. Feststoffgehaltswerte erfaßt werden. Diese technologisch wichtigen Parameter müssen zur ständigen Überwachung der Produktion kontinuierlich gemessen werden. Kontinuierliche Bestimmung und der Anschluß von Regelkreisen führen zu einer Vergleichmäßigung im technologischen Ablauf, tragen zur Stabilisierung der Produktion bei und liefern damit einen wichtigen Beitrag zur Gewährleistung einer maximalen Produktion.

Mit herkömmlichen Methoden ist dies nicht erreichbar. Durch Litergewichtsbestimmungen oder Aräometerspindelungen können in mehr oder weniger großen Zeitabständen lediglich Einzelwerte bestimmt werden, mit denen die Einhaltung technologisch optimaler Parameter nicht gewährleistet ist. Auch die Anwendung von nicht radiometrischen, kontinuierlich arbeitenden Verfahren — z. B. von Dichtemeßanlagen nach dem Auftriebsverfahren oder nach hydrostatischen Verfahren, wie dem Tauchrohrverfahren — stößt in der Praxis häufig auf Schwierigkeiten. Sie sind erfolgreich nur in Ausnahmefällen einsetzbar.

Dagegen konnte durch den Aufbau von radiometrischen Anlagen in vielen Fällen eine echte Verbesserung der betrieblichen Meßtechnik erzielt werden.

2. Grundlagen und Voraussetzungen

Grundlage der radiometrischen Dichtemessung nach dem Absorptionsverfahren bildet das Absorptionsgesetz:

$$I = I_0 e^{-\mu' \varrho d}$$

I — Strahlungsintensität bei voller Meßstrecke
I_0 — Strahlungsintensität bei leerer Meßstrecke
μ' — Massenabsorptionskoeffizient, cm^2/g
ϱ — mittlere Dichte des Meßguts, g/cm^3
d — Länge der Meßstrecke, cm

Für den erfolgreichen Einsatz des Verfahrens ergeben sich aus diesem Gesetz einige Voraussetzungen, die ohne Ausführlichkeit behandelt werden sollen:

- $I_0 =$ const. erfordert eine genügend große Halbwertszeit des eingesetzten Radionuklids, die Konstanz des Grundabsorbers, d. h. die Vermeidung von Krustenbildung bzw. Verschleiß an der Meßstrecke, und konstante geometrische Bedingungen durch eine stabile Anordnung von Strahler und Detektor.
- $\mu' =$ const. erfordert das Beachten der Strahlungsenergie und möglicher Änderungen in der chemischen Zusammensetzung des Meßguts.
- $d =$ const. wird durch stabile meßgeometrische Verhältnisse, d. h. durch eine Meßzelle mit stabiler Wandung erreicht.
- Konstanz der Partialdichten bei Mehrkomponentengemischen.

Weitere wichtige Voraussetzungen sind die Vermeidung von Gasblasen im Meßgut, die vibrationsarme Befestigung des Strahlendetektors, günstige Umgebungsbedingungen am Meßort hinsichtlich Temperatur, Schmutz, Zugänglichkeit u. a. sowie eine optimale Länge der Meßstrecke zur Erzielung genügend hoher Meßempfindlichkeit.

3. Prinzipielle Varianten zur Gestaltung der Meßanordnung

Zur Dichtemessung an Lösungen und Aufschlämmungen wurden drei Varianten entwickelt:

a) Die Rohrleitung wird direkt durchstrahlt. Dazu ist eine volle Rohrleitung erforderlich. Bei zu kleiner Meßstrecke ist das Einsetzen eines Rohrstücks mit erweitertem Rohrduchmesser notwendig (Abb. 1).
Das Meßsystem mit Strahlkopf und Strahlendetektor wird entweder direkt an der Rohrleitung befestigt oder — und das erwies sich in vielen Fällen wegen Vibrationen der Rohrleitung als zweckmäßig — man verwendet einen Meßbügel, der die erschütterungsfreie Aufhängung gestattet (Abb. 2).

[1]) Anschrift: 92 Freiberg, Lessingstraße 41

Abb. 1. Versuchsmeßanordnung mit eingeflanschtem Rohrstück

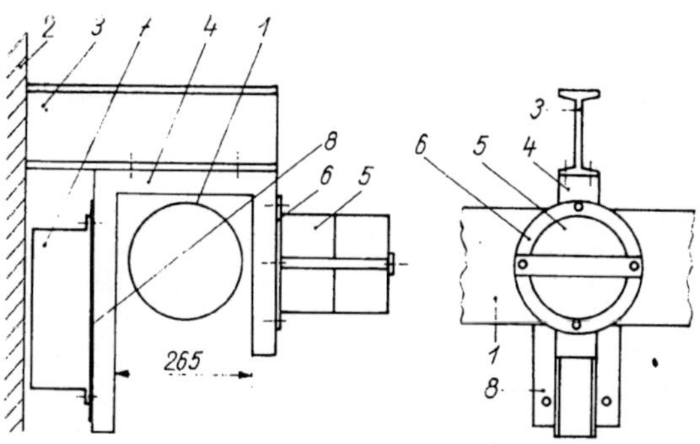

Abb. 2. Verwendung eines Meßbügels bei direkter Durchstrahlung einer Rohrleitung

1 – Rohrleitung; 2 – Mauerwerk; 3 – eingesetzter Träger; 4 – Meßbügel; 5 – Strahlkopf; 6 – Strahlkopfflansch; 7 – Meßsonde; 8 – Sondenflansch

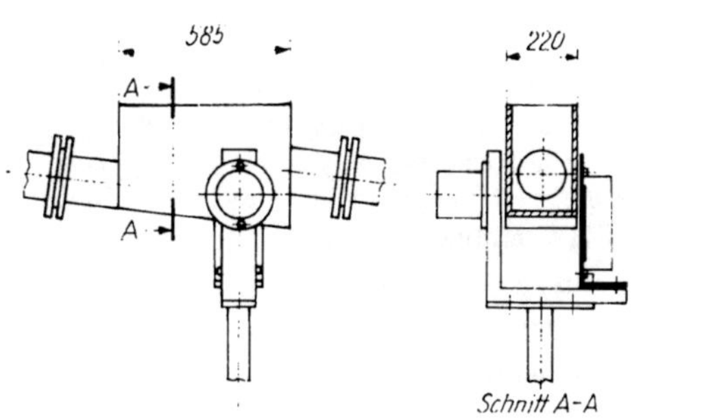

Abb. 3. Spezielles Meßgefäß bei geringem Gefälle der vorhandenen Rohrleitung

b) Bei einer nicht ständig vollen Rohrleitung mit geringem Gefälle (bis etwa 15°) wird in die Leitung ein spezielles Meßgefäß eingefügt (Abb. 3). Es bewirkt einen Stau, und damit gewährleistet es eine stets mit Meßgut gefüllte Meßstrecke. Zur Vermeidung von Absatzbildung und von Lufteinwirbelung ist das Meßgefäß am Boden mit einem gewölbten Leitblech ausgestattet.

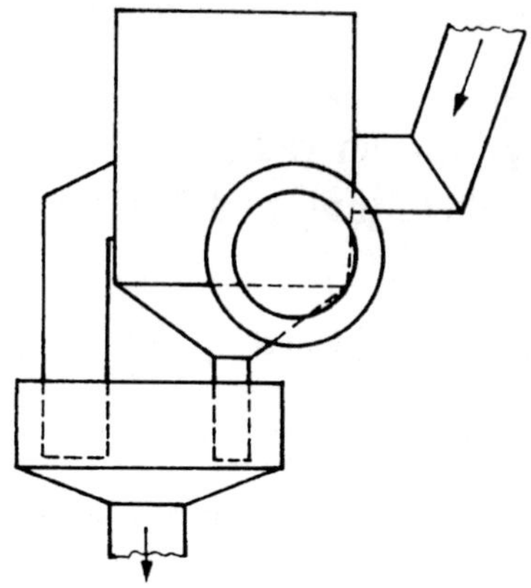

Abb. 4. Meßgefäß bei starkem Gefälle der vorhandenen Rohrleitung

c) Bei ebenfalls nicht voller Leitung, aber starkem Gefälle hat sich ein Meßgefäß bewährt, das über einen kleinen Auslauf und großen Überlauf verfügt (Abb. 4). Bei fehlendem Zulauf kann das Gefäß über den Auslauf leerlaufen, wodurch die Absatzbildung im Gefäß vermieden wird. Zu beachten ist die Möglichkeit von Lufteinwirbelung bei sehr starkem Gefälle.

Unter bestimmten Bedingungen ist es zur Vermeidung von Korrosion und Verschleiß zweckmäßig, die speziellen Meßgefäße aus VA-Material herzustellen und eine Innenauskleidung mit Gummi vorzunehmen.

4. Beispiele für den sinnvollen Einsatz des Verfahrens

4.1. *Dichtemessung in der Sink- und Schwimmanlage einer Zinnerzaufbereitung*

In einer Zinnerzaufbereitung erfolgt die Scheidung von gebrochenem Roherz in schweren, metallreichen Anteil und leichteren, metallarmen Anteil im sogenannten Konusscheider, der mit Arsenkiestrübe ($\varrho \approx 2{,}8$ g/cm³) gefüllt ist (Abb. 5). Das Leichtgut steigt nach oben, das Schwergut sinkt ab. Die Solldichte der Arsenkiestrübe muß kontinuierlich kontrolliert werden. Trotz ständiger Zu- und Abflüsse sowie Verlusten an Schwertrübe muß die Solldichte genau eingehalten werden, um Metallverluste bei zu hoher Trenntrübe oder das Einschleppen von taubem Gestein in weitere Aufbereitungsstufen bei zu niedriger Trenntrübe zu vermeiden.

Durch den Aufbau einer radiometrischen Anlage im Schwerguttrübekreis ist es dem Anlagenfahrer möglich, die Trübedichte ständig zu kontrollieren und bei Abweichungen jederzeit zu korrigieren.

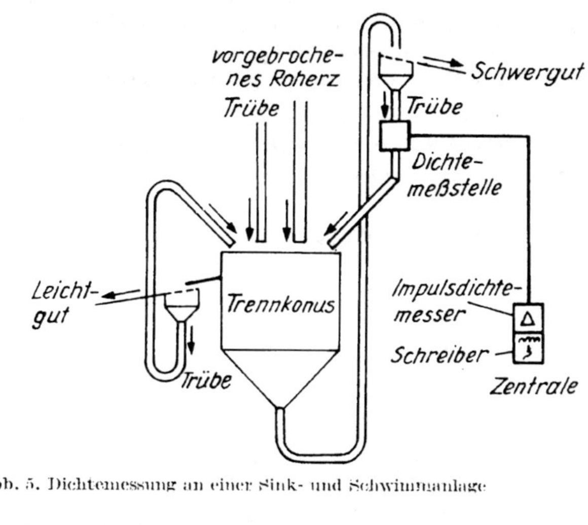

Abb. 5. Dichtemessung an einer Sink- und Schwimmanlage

4.2. Dichtemessung an Zinnerzmahltrüben

Das Zinnerz durchläuft nach dem Vorbrechen und — falls erforderlich — einer Trennung in der Sink- und Schwimm-Anlage Kugelmühlen, die mit einer bestimmten Mahltrübedichte gefahren werden müssen, um ein optimales Kornspektrum zu erreichen.

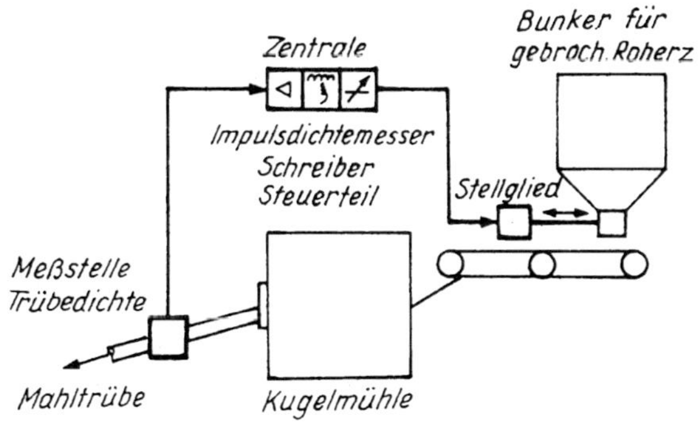

Abb. 6. Dichtemeß- und Regelanlage an einer Kugelmühle

Die am Mühlenaustrag gemessenen Dichtewerte werden genutzt, um über eine Regelstrecke die gleichmäßige Roherzzufuhr auf dem Band zu gewährleisten (Abb. 6). Wegen der Mühlendurchlaufzeit von $\sim$ 3 Minuten und der Erzbeschaffenheit — das Erz neigt stark zu Ansätzen — ist der Aufbau der Regelung problematisch, unter den gegebenen Bedingungen allerdings optimal. Die Installation der Meß- und Regeleinheiten trug zu einer sichtbaren Vergleichmäßigung des Mahlprozesses bei.

In der Zinnerzaufbereitung spielt auch die Dichtemessung und -regelung der Zinnerztrübe im Zulauf der Flotation eine große Rolle. Ohne nähere Angaben soll lediglich erwähnt werden, daß der Flotationsvorgang bei Einhaltung einer vorgegebenen Solltrübedichte gleichmäßiger und effektiver ablaufen kann.

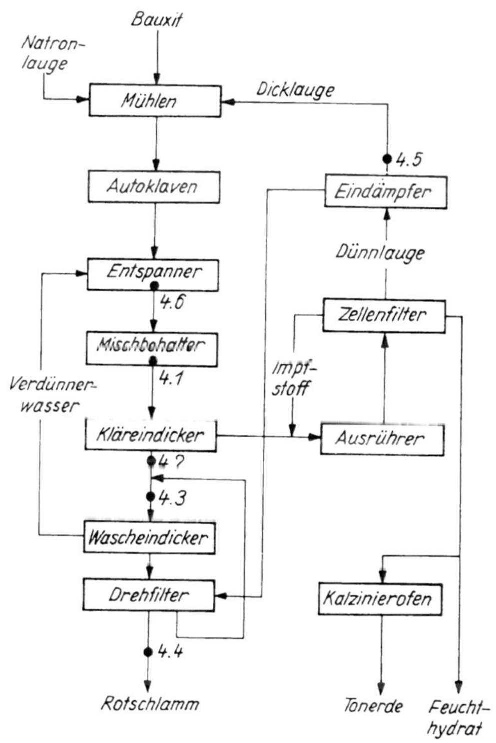

Abb. 7. Vereinfachtes Schema des Bayerverfahrens und Lage der erprobten Meßstellen

4.3. Dichtemessung an Verdünnerpulpe

Im Produktionsprozeß der Tonerdegewinnung aus Bauxit durch Aufschluß mittels Natronlauge müssen Materialströme, die durch bestimmte Konzentrationen an gelösten oder suspendierten Stoffen charakterisiert sind, meßtechnisch erfaßt werden. Aus der schematischen Darstellung des Produktionsablauf (Abb. 7) geht hervor, daß die radiometrische Dichtemessung an zahlreichen Stellen sinnvoll und erfolgreich eingesetzt werden kann.

Als Beispiel soll die Dichtemessung an Verdünnerpulpe näher erläutert werden.

Nach dem Bauxitaufschluß im Autoklaven wird die Pulpe im Entspanner verdünnt, danach durch mehrere Mischbehälter geleitet (Abb. 8) und anschließend Kläreindickern zugeführt, in denen die Trennung in klare Aluminatlauge und Rotschlamm erfolgt. Die Verdünnung erfolgt durch Wasser und gewährleistet ein technologisch günstiges Flüssigkeit-Feststoff-Verhältnis für die Klärung.

Die Erfassung der Pulpendichte und ihre Regelung durch Zugabe entsprechender Wassermengen ist für einen störungsfreien Klärvorgang von Bedeutung. Sie gewährleistet eine gleichmäßige und wirtschaftliche Fahrweise der Kläreindicker.

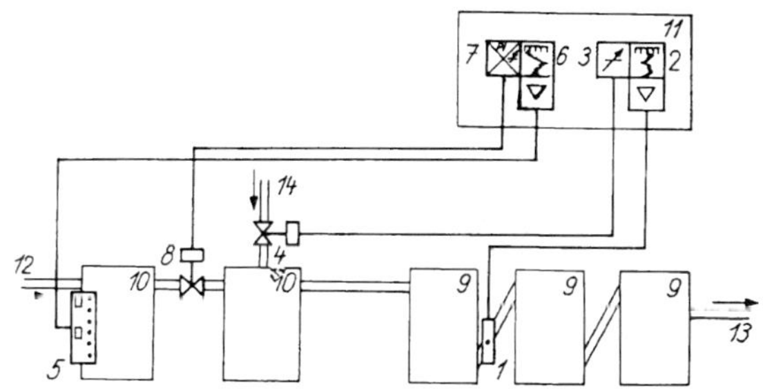

Abb. 8. Dichtemessung und -regelung an Autoklavenpulpe

1 — Dichtemeßstelle für Autoklavenpulpe; 2 — Zentral- und Registriergerät für Dichte; 3 — Regelanlage mit manueller Fernbedienung; 4 — Stellventil; 5 — Füllstandsmeßanlage; 6 — Zentral- und Registriergerät für Füllstand; 7 — Regelautomatik; 8 — Stellventil; 9 — Mischbehälter; 10 — Entspanner; 11 — Meßwarte; 12 — Zulauf vom Autoklaven; 13 — Ablauf zum Kläreindicker; 14 — Zugabe von Verdünnerwasser

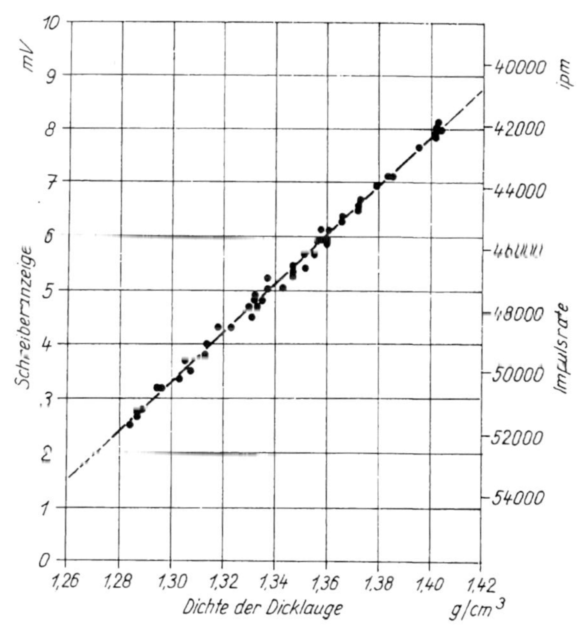

Abb. 9. Eichkurve einer radiometrischen Dichtemeßanlage am Auslauf einer Eindampferbatterie

Auf die in Abb. 8 ebenfalls dargestellte Füllstandsmeßanlage und -regelung am Entspanner soll hier nicht näher eingegangen werden.

Abb. 9 zeigt die Eichkurve für eine am Auslauf einer Eindampferbatterie installierte Anlage. Diese Kurve wurde durch Aräometervergleichswerte ermittelt. Es lagen sehr günstige Eichbedingungen vor. Dies spiegelt sich auch in der geringen Streuung der Eichwerte wider. Ein Registrierstreifenausschnitt, der mit dieser Anlage aufgenommen wurde, ist in Abb. 10 zu sehen. Er veranschaulicht die Ablesegenauigkeit und den Fluktuationsgrad der Registrierung.

Diese Beispiele zeigen den sinnvollen ökonomischen Einsatz des Verfahrens. Sie unterstreichen das Bedürfnis der Praxis nach kontinuierlich arbeitenden Dichtemeßanlagen.

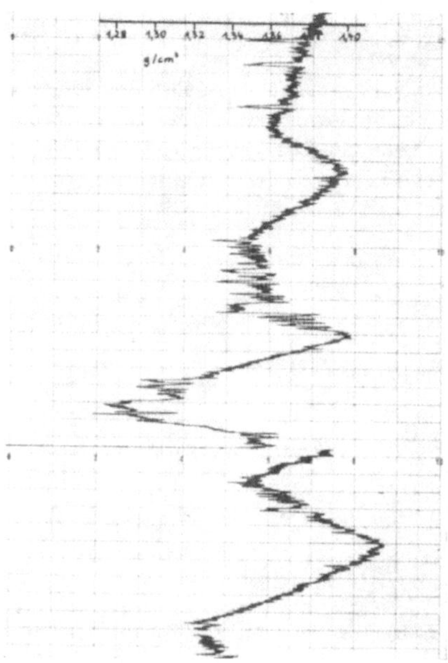

Abb. 10. Zeitlicher Verlauf der Pulpendichte am Auslauf einer Eindampferbatterie

5. Geräteausrüstung

— Strahlkopf	Eigenbau des FNE — Container mit Stahlgehäuse und Kollimatorbohrung (Pb ~ 80 mm, Fe ~ 8 mm, Koll. ~ 2,7 mm ∅)
— Strahlenquelle	^{137}Cs, 75 ... 190 · 10^7 s^{-1} (20 ... 50 mCi) Typ LAA und LAB (^{241}Am, 1,1 · 10^{10} s^{-1}, 300 mCi, Typ PL-AB)
— Sonde	VA-T-66.2 bzw. 72019 VA-S-660 bzw. 72041 VEB Meßelektronik, Dresden
— Impulsdichtemesser	VA-T-66.1 bzw. 23153 VEB Meßelektronik, Dresden
— Schreiber	BMKV — Punktschreiber für mehrere Meßstellen, parallel geschaltet — VEB Meßgerätewerk Magdeburg

Mit handelsüblichen Geräten konnten für 6 ... 8 TM pro Meßanlage (reine Gerätekosten) technische Dichtemesser aufgebaut werden, mit denen genügend genaue Messungen erfolgen können und die den Anschluß von Regelkreisen ermöglichen. Die Ausfallquote der Geräte ist sehr gering. Man kann von zuverlässiger Meßtechnik sprechen.

Der Meßfehler ist stark abhängig von den Bedingungen am Meßort, insbesondere von Temperaturänderungen der Umgebung. Hinzu kommen Fehler durch Nichtkonstanz der Partialdichten, durch wechselnde chemische Zusammensetzung (zu beachten beim Einsatz von ^{241}Am), durch die Statistik (meist klein) und schließlich Eichfehler. Jede radiometrische Anlage muß mit herkömmlicher Methodik geeicht werden.

Nach Abschätzungen und Berechnungen ist unter normalen Bedingungen bei der Dichtemessung mit Fehlern von 1 ... 2% beim Einsatz von Szintillationssonden und von 3 ... 5% beim Einsatz von Zählrohrsonden zu rechnen.

6. Schluß

In den letzten Jahren konnte eine Reihe technischer Dichtemeßprobleme, insbesondere in der Erzaufbereitung und bei der Tonerdeherstellung, durch den Einsatz des Gammaabsorptionsverfahrens gelöst werden. Dieses Verfahren der Dichtebestimmung ist ein bekanntes klassisches Verfahren der Isotopentechnik. Trotzdem sind bei jeder neuen Aufgabe auf diesem Gebiet neue Gesichtspunkte zu beachten. Routine und Erfahrung allein lassen eine Einschätzung über den erfolgreichen Einsatz nicht zu.

Eingegangen am 31. 10. 1978

Einfaches Gerätesystem zur Anwendung der Radionuklid-Röntgenfluoreszenzanalyse in der NE-Metallurgie

E. Lehmann, G. Krüger

(VEB Mansfeld-Kombinat „Wilhelm Pieck", Forschungsinstitut für NE-Metalle, Freiberg)[1])

Aufbauend auf handelsüblichen, serienmäßig produzierten Geräteeinheiten wurde ein einfaches Gerätesystem geschaffen, das eine schnelle und einfache diskontinuierliche Analyse einzelner Elemente ermöglicht.
Dieses Gerätesystem wird an Hand einiger Anwendungsbeispiele aus der NE-Metallurgie (Bergbau, Aufbereitung und Verhüttung) vorgestellt und spezifische Details, wie Meßfehler, Meßbereiche und Anwendungsgrenzen, erläutert.

(D22) INIS DESCRIPTORS:

accuracy; mining; ore processing; pyrometallurgy; tin; X-ray fluorescence analysers; X-ray fluorescence analysis

Einleitung

Die Röntgenfluoreszenzanalyse mit Isotopenanregung ist ein schnelles Verfahren, das zur Lösung betrieblicher Forderungen der Gehaltsbestimmung zur Kontrolle und Beeinflussung der produktion eingesetzt werden kann. Aus ökonomischen Gründen ist vor allem in kleineren Prdouktionsanlagen ein Einsatz von kristalldispersiven Großgeräten nicht vertretbar, während sich für die relativ billigen und wartungsarmen Röntgenanalysatoren mit Isotopenanregung ein breites Anwendungsfeld bietet.

Die rationelle Anwendung der Radionuklid-Röntgenfluoreszenzanalyse ist gegeben, wenn nur wenige Elemente in einer Matrix mit relativ gleichbleibender Zusammensetzung zu bestimmen sind, die erforderliche Analysenzahl groß und deren quantitative Erfassung durch andere analytische Verfahren schwierig und zeitraubend ist.

Aufgabenstellung

Es waren schnelle Verfahren zur Verbesserung der Prozeßführung einer Zinnhütte erforderlich. Das Zinn sollte im Bereich von 0,1 bis 1,5% in der Verblaseschlacke und von 5 bis 15% in der Flammofenschlacke erfaßt werden.

Zur schnellen Kontrolle der Extraktion bei der Herstellung von Niob- und Tantalpentoxid war ein Verfahren zur Bestimmung dieser Oxide im Raffinat erforderlich.

Zur operativen Lenkung des Erzbergbaus sollte ein Verfahren zur Kupferbestimmung entwickelt werden, das die bisher angewandte kolorimetrische Kupferschnellanalyse ersetzen sollte.

Aufbau der Meßplätze

Für die Lösung der genannten Aufgaben wurde davon ausgegangen, Meßplätze zu schaffen, die möglichst einfach und ohne zusätzliche Ausbildung der Benutzer zu bedienen sind. Sie sollten darüber hinaus weitgehend aus Bauteilen der eigenen Industrie aufgebaut werden, um einerseits Entwicklungsaufwand einzusparen und andererseits den für den industriellen Einsatz notwendigen Service leichter zu gewährleisten.

Als Strahlungsmeßgerät wurde der Typ 20026 vom VEB RFT Meßelektronik „Otto Schön" Dresden (MKD) und als Detektor die Szintillationsmeßsonde VA-S-968.1 des gleichen Betriebes eingesetzt. Zur Messung der K_α-Strahlung des jeweils zu bestimmenden Elements wurden die üblichen NaJ(Tl)-Kristalle von 40 mm Dicke durch dünnere Szintillatoren der Firma Tesla bzw. Crytur (ČSSR) ersetzt, die sich nach eigenen Messungen und den Angaben von *Górski* [1] als besser für die zu lösenden Aufgaben erwiesen. Die Meßwertangabe erfolgt in einigen Fällen mit Ergebnisdruckern vom Typ 23144 vom MKD. Nach Ermittlung der Parameter der zu verwendenden Materialien, der Meßgeometrie wie Abstand zwischen Quelle, Probe, Sonde und Filtern, der optimalen Abmessungen der Bauteile und der Kollimation durch Versuchsreihen wurden Meßplätze für den jeweiligen Anwendungsfall aufgebaut.

Am Beispiel eines Röntgenanalysators zur Kupferbestimmung in Erzen sei der prinzipielle Aufbau erläutert:

Abb. 1 veranschaulicht den geschlossenen Aufbau des Meßplatzes und zeigt, daß nur wenige Bedienelemente von außen

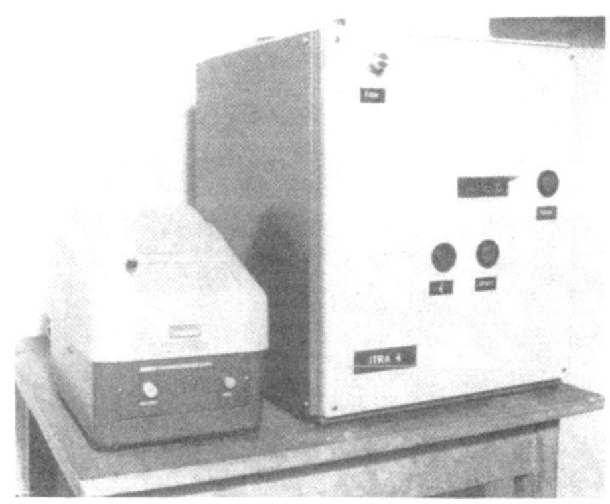

Abb. 1. Meßplatz zur Kupferbestimmung ITRA 4

Abb. 2. Meßplatz ITRA 4 – Innenansicht

[1]) Anschrift: 92 Freiberg/Sa., Lessingstraße 41

zugänglich sind. Damit ist eine einfache Bedienung gewährleistet, und Fehlbedienungen werden vermieden. Abb. 2 gibt einen Überblick über die Anordnung der Bauteileinnerhalb des eigentlichen Meßplatzes. Strahlungsmeßgerät und Szintillationssonde sind nebeneinander angeordnet. Abb. 3 zeigt den auf den Detektor aufgesetzten Meßkopf mit Kollimator, Filterwechseleinrichtung und Probenaufnahme. Die pulverförmigen Proben werden in ein nach unten mit Polyäthylenfolie abgedecktes Gefäß gefüllt, das von oben in die Probenaufnahme eingesetzt wird. Im Falle des Gerätes zur Kupferbestimmung mit zentral angeordneter Strahlenquelle ist ein „Strahlenschutzdeckel" angebracht, der nach Entfernung des Probengefäßes die Aufnahmeöffnung selbsttätig schließt.

Während beim Analysator zur Kupferbestimmung die Filterwechseleinrichtung in Form eines Schiebers ausgebildet ist, sind die Filter z. B. beim Gerät zur Bestimmung des Zinns in pulverförmigen Proben auf einer Kreisscheibe angeordnet, wie es in Abb. 4 zu erkennen ist.

Abb. 3. Meßplatz ITRA 4 – Meßkopf und Probenaufnahme mit eingesetztem Probegefäß

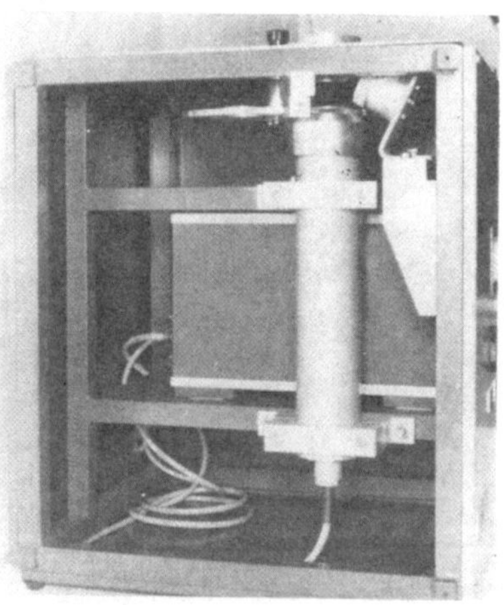

Abb. 4. Meßkopf zur Zinnbestimmung ITRA 1

Meßmethode

Einfache Strahlungsdetektoren mit genügend hoher Auflösung stehen zur Zeit nur unter Aufwendung erheblicher Kosten zur Verfügung. Deshalb wurde zur Strahlenselektion störender Elemente – besonders der, die sich im Periodischen System nur um eine oder einige Ordnungszahlen unterscheiden – von vornherein das Kantenfilterdifferenzverfahren als Meßmethode vorgesehen. Die sich je nach Matrixzusammensetzung ändernde spektrale Intensität der Streustrahlung kann bei einem günstigen Abgleich der Filterpaare in ihrem Einfluß auf die Meßwerte vermindert werden.

Da es in den meisten Fällen nicht bzw. nicht in ausreichendem Maße möglich ist, außerhalb der Absorptionskanten der Filter einen völligen Abgleich der Massenabsorption zu erreichen, ist es erforderlich, zusätzlich eine elektronische Impulshöhenanalyse anzuwenden, um Unterschiede der Impulsdichten außerhalb des Meßkanals auszugleichen.

Wahl der Anregungsquellen und Kantenfilter

Ausgehend davon, daß die K_α-Linien der Elemente für analytische Zwecke die größere Bedeutung haben, wurden Überlegungen zur Auswahl entsprechender Strahlenquellen angestellt. Die günstigste Anregung wird mit einer Quelle erreicht, deren emittierte Quantenenergie nur wenig oberhalb der K-Kante des zu bestimmenden Elementes liegt.

Zur Anregung der charakteristischen Zinnstrahlung existiert keine geeignete Primärquelle. Deshalb mußte auf eine Sekundärtargetquelle zurückgegriffen werden. Als Sekundärtarget erwies sich Barium als günstig, dessen K-Strahlung durch eine Am-Primärquelle angeregt wird.

Da ebenfalls keine Primärquelle existiert, deren Strahlungsenergie dicht oberhalb der K-Kante des Niobs (18,98 keV) liegt, wurde zu dessen Bestimmung ebenfalls eine Sekundärquelle geschaffen. Als Primärquelle diente ^{241}Am und als Target Palladium.

Zur Anregung der Tantal-K-Strahlung (K-Kante 67,4 keV) stand nur ^{57}Co zur Verfügung. Ungünstig ist seine kurze Halbwertszeit von 269 d. Das günstigere Nuklid ^{44}Ti (Halbwertszeit: 47 a) ist z. Z. nicht verfügbar.

^{238}Pu bietet sich zur Anregung des Kupfers bei dessen Bestimmung in Erzen an. Seine Photonenenergien zwischen 12 und 22 keV (U-L-Linien) liegen günstig zur K-Kante ($\approx$ 9 keV) des Kupfers.

Besondere Aufmerksamkeit erfordert die Auswahl geeigneter Kantenfilterpaare für die Bestimmung des jeweiligen Elementes und der sorgfältige Abgleich der optimalen Flächenmassen. Eigene Untersuchungen und die Erfahrungen anderer Bearbeiter (z. B. *Rhodes* [2], *Jombik* und *Jilková* [3] sowie *Havránek* und *Bumbálová* [4]) haben gezeigt, daß die experimentell ermittelten optimalen Filterdicken etwa um den Faktor 2 höher liegen als die theoretisch errechneten Werte.

Wie in Tab. 1 neben anderen wesentlichen Parametern dargestellt ist, haben sich folgende Filterpaare als geeignet erwiesen

für Sn: Ag/Pd
für Nb: Y/Sr
für Ta: Tm/Ho
für Cu: Ni/Co

Matrixeinfluß

Auf die durch Nachbarelemente auftretenden Strahlungskoinzidenzen wurde bereits hingewiesen. Haben diese Störelemente eine höhere Ordnungszahl als das Analysenelement, so besteht in einzelnen Fällen die Möglichkeit, diese Störung durch selektive Anregung auszuschalten. Haben die Störelemente nur eine um eine oder um wenige Zahlen geringere Atomnummer, so ist mit einfachen Mitteln keine Lösung der Aufgabe möglich.

Vor allem für das Verfahren der Kupferbestimmung im Erz wurden umfangreiche Untersuchungen der Matrixeffekte durchgeführt. Durch sorgfältige Abstimmung des Ni/Co-Filterpaares

Tab. 1. Parameter der Röntgenfluoreszenzverfahren mit dem ITRA-System

Analysenelement	Sn	Sn	Nb_2O_5	Ta_2O_5	Cu	Cu
Meßgut	Schlacke	Erz	Raffinat	Raffinat	Erz	Hüttenprodukte
Quelle	$^{241}Am/Ba$	$^{241}Am/Ba$	$^{241}Am/Pd$	^{57}Co	^{238}Pu	^{238}Pu
GBq	11,1	11,1	11,1	0,185	0,37	0,37
Energie, keV	32,2	32,2	21	122	11,6–21,7	11,6–21,7
K-Kante, keV	29,2	29,2	19,0	67,4	8,98	8,98
Filterpaar	Ag/Pd	Ag/Pd	Y/Sr	Tm/Ho	Ni/Co	Ni/Co
Szintillationsdetektor NaJ(Tl), mm	5	5	2	2	2	2
Meßbereich, %	0,1–1,5[1)] 5 –15[2)]	0,1–1,0	0,2–10	0,2–5	0,1–15	1–45
rel. Fehler, %	10[1)] 3[2)]	10	< 5	< 5	< 4	in Bearbeitung

[1)] Verblaseschlacke
[2)] Flammofenschlacke

wurde erreicht, daß Störungen durch die K-Strahlung des Eisens (1 bis 7%) und des Zinks (0,2 bis 8%) sowie die L-Strahlung des Bleis keinen meßbaren Einfluß auf die Kupferbestimmung hatten.

Die Änderungen der absoluten Intensitäten der Untergrundstrahlung bei der Kupferbestimmung, die auf den wechselnden Bitumenanteil zurückzuführen sind, gleichen sich bereits durch die Anwendung des Filterdifferenzverfahrens aus.

Als auf diese Weise nicht zu beseitigende Matrixeinflüsse erwiesen sich die unterschiedlichen Gehalte der Elemente Mg, Al, Si und Ca in den verschiedenen Erzlagen und Lagerstätten. Dies wurde bei Messungen nachgewiesen, zu denen eine kupferreiche Sonderprobe mit den entsprechenden Oxiden verdünnt wurde

Abb. 5 zeigt, daß wachsende Gehalte an MgO, Al_2O_3 und von SiO_2 gleichartige, wenig voneinander abweichende Änderungen

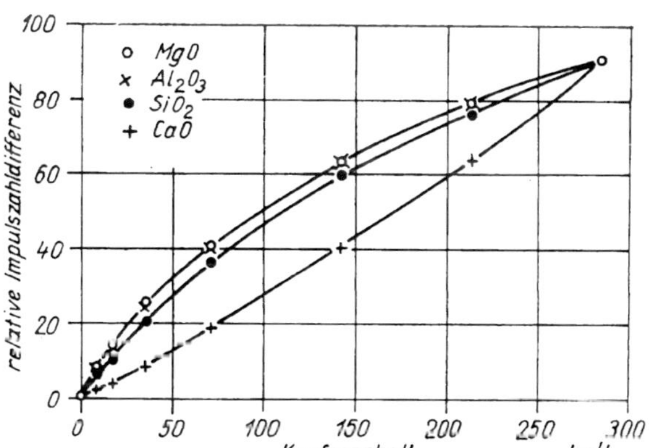

Abb. 5. Einfluß der Matrix auf die relative Impulszahldifferenz in Abhängigkeit vom Kupfergehalt

der Intensität der Kupfer-K_α-Strahlung ergaben, während bei unterschiedlichen CaO-Gehalten ein andersartiger Verlauf der Intensität der charakteristischen Kupferstrahlung in Abhängigkeit des Matrixelementes gemessen wurde.

Aus diesen Messungen ergab sich die Erklärung, warum bei der Eichung des Verfahrens für die Kupferbestimmung aus den ermittelten Impulszahldifferenzen und den elektrolytisch ermittelten Gehalten Eichkurven mit unterschiedlicher Neigung für die verschiedenen Erzsorten der verschiedenen Schachtanlagen erhalten wurden. Der wesentliche Parameter der aufgestellten produktspezifischen Eickkurven ist der sich grundlegend ändernde CaO-Gehalt.

Zusammenfassung

Es wurde ein einfaches Gerätesystem für die Radionuklid-Röntgenfluoreszenzanalyse vorgestellt, mit dem vom Forschungsinstitut für NE-Metalle Schnellverfahren zur Produktionskontrolle und Lenkung zur Ermittlung von Zinn in Schlacken und Erz, von Niob und Tantal im Raffinat und von Kupfer im Erz entwickelt wurden und Meßplätze in den Betrieben eingesetzt sind.

An der Entwicklung weiterer Verfahren, z. B. zur Bestimmung von Kupfer in Hüttenprodukten und von Elementen in verschiedenen Legierungen, wird gearbeitet.

Eingegangen am 31. 10. 1978

Literatur

[1] *L. Górski*, Kernenergie 6 (1963) 710
[2] *J. R. Rhodes*, American Society for Testing and Materials, STP 485 (1971) 243–285
[3] *J. Jombík, E. Jílková*, Radioisotopy **14** (1973) 893
[4] *E. Havránek, A. Bumbálová*, Z. phys. Chemie, Leipzig **250** (1972) 73

Neuere Ergebnisse bei der Anwendung nuklearer Verfahren in der Schwarzmetallurgie

B. Vorsatz, S. Simon, G. Szarka, M. Benkö

(TU Miskolc, UVR)[1])

Der Beitrag behandelt die Bestimmung der beim Sauerstoffaufblasverfahren entstehenden Oxide im Stahl, einige neuere Anwendungen der aktivierungsanalytischen Sauerstoffbestimmung und die Bestimmungsmöglichkeiten einiger seltener Erden in Eisenlegierungen.

(D22) INIS DESCRIPTORS:

cerium; iron base alloys; iron oxides; neutron activation analysis; pyrometallurgy; steels

Weit bekannt und verbreitet sind in der Industrie diejenigen nuklearen Methoden, die auf dem Einsatz umschlossener radioaktiver Isotope beruhen, wie z. B. die verschiedenen Dicken- und Niveaumeßmethoden, die Methoden der Feuchtigkeitsmessung in verschiedenen Stoffen, wie z. B. Formsand, Koks u. a.

Schwieriger ist dagegen die Einführung solcher nuklearen Methoden in die Industrie, bei denen die strahlenden Isotope nicht umschlossen, sondern in offenem Zustand — also in viel gefährlicherer Form — zur Anwendung gebracht werden sollen. Zu diesen gehören z. B. die Methoden der Isotopenverdünnung, die Markierung von Materialkomponenten mit Radioisotopen u. a. Man erfährt auf diesem Gebiet — auch international — daß seitens der Industrie eine entschiedene Abneigung gegenüber und Angst vor der radioaktiven Strahlung besteht.

Wir haben uns daher nach Abschluß einiger Arbeiten unter Anwendung inaktiver Tracer bemüht, solche nuklearen Methoden zu finden bzw. auszuarbeiten, bei denen die durch Abneigun und Angst entstehenden Schwierigkeiten keine oder nur eine unbedeutende Rolle spielen.

Von diesen Methoden sollen im vorliegenden Beitrag zwei in der Schwarzmetallurgie anwendbare vorgestellt werden.

Beim Sauerstoffaufblasverfahren der Stahlerzeugung bzw. bei der Intensivierung des Siemens-Martin-Verfahrens durch Sauerstoffeinblasen bildet sich eine verhältnismäßig große Menge Eisenoxid-Aerosol, das einerseits einen gewissen Eisenverlust darstellt, und andererseits zum Teil in die Atmosphäre emittiert wird und Umweltschäden verursacht.

Es gibt verschiedene Methoden, nach denen die Menge des mit den Abgasen ausgetragenen Eisenoxids stark herabgesetzt werden kann. Die Leistungsfähigkeit dieser Verfahren kann aber nur dann beurteilt werden, wenn ein entsprechendes Kontrollverfahren vorhanden ist.

Zu diesem Zweck wurde von uns eine Methode für die serienmäßige Bestimmung des in die Atmosphäre emmittierten Eisenoxids vorgeschlagen und deren Eignung experimentell bewiesen.

An gewissen Punkten der Umgebung werden mit Hilfe einer Saugpumpe Luftproben genommen, wobei die Luft durch eine kleine, aus Kunststoff hergestellte Filterscheibe gesaugt und gleichzeitig die durchgesaugte Luftmenge gemessen wird. Wegen der äußerst inhomogenen Verteilung des Eisenoxids in der Luft müssen viele Proben aus der Umgebung des Stahlwerkes genommen werden.

Für die weitere Aufarbeitung dieser Proben und die Bestimmung der Eisengehalte bietet die 14-MeV-Neutronenaktivierungsanalyse günstige Möglichkeiten. Es werden gleichzeitig zehn Filterscheiben bei exakt definierter Bestrahlungsgeometrie bestrahlt und nach der Bestrahlung die Impulsraten der einzelnen Filterscheiben nach einem bestimmten Programm gemessen. Man mißt die Impulsraten unter dem Photopeak des ^{56}Mn bei 850 keV. Die Ergebnisse werden durch einen Rechner ausgewertet und ausgedruckt.

Tab. 1. Nukleare Daten des Eisens bei Bestrahlung mit 14-MeV-Neutronen

Kernreaktion	Häufigkeit %	Einfangquerschnitt mb	Halbwertszeit min	Gamma-Energie MeV
^{56}Fe(n, p) ^{56}Mn	91,68	103	154,56	0,85
^{56}Fe(n, p) ^{56}Mn	91,68	103	154,56	1,81
^{56}Fe(n, p) ^{56}Mn	91,68	103	154,56	2,11

Tab. 2. Nukleare Daten von Störreaktionen bei der Eisenbestimmung mit 14-MeV-Neutronen

Kernreaktion	Häufigkeit %	Einfangquerschnitt mb	Halbwertszeit min	Gammaenergie MeV
^{55}Mn(n, γ) ^{56}Mn	100	0,60	154,56	0,85
^{9}Co(n, α) ^{56}Mn	100	39,10	154,56	0,85

Die nuklearen Daten des Eisens und die Störreaktionen sind aus Tab. 1 und 2 ersichtlich. Die Halbwertszeit des ^{56}Mn beträgt 154,46 Minuten, dadurch können die Filterscheiben nacheinander gemessen werden. Man zählt z. B. 25 Minuten nach der Bestrahlung noch ungefähr 100 Impulse pro mg Eisen von derjenigen Filterscheibe, die bei der Bestrahlung am weitesten vom Target entfernt lag. Die Nachweisgrenze liegt bei 7 µg Fe. Das beschriebene Bestimmungsverfahren kann sehr leicht geeicht werden, und die Einfachheit und die Automatisierbarkeit bieten große Vorteile. Ein weiterer Vorteil besteht darin, daß sich eine große Zahl von Proben sehr leicht transportieren läßt, was bei Anwendung von sogenannten Impingers nicht der Fall ist. Obwohl die Meßzeit für die Filterscheiben länger ist als die Photometrierung der Impingers, kompensieren die erwähnten Vorteile der Aktivierungsanalyse diesen Zeitverlust.

[1]) Anschrift: Technische Universität Miskolc, Lehrstuhl für Eisenhüttenwesen, Miskolc-Egyetemváros (UVR)

Neben Eisen sind gleichzeitig noch andere Elemente, wie z. B. Silizium, bestimmbar.

Diese Methode ist naturgemäß besonders dann vorteilhaft, wenn im Stahlwerk bereits ein Neutronengenerator, z. B. zur Sauerstoffbestimmung in Betrieb ist und das Labor die Analyse der Filterscheiben in der Leerlaufzeit durchführen kann.

Eine andere Anwendungsmöglichkeit der 14-MeV-Neutronenaktivierungsanalyse, die noch nicht genutzt wird — und man findet auch in der Fachliteratur nur einige Hinweise —, ist die Bestimmung verschiedener Seltener Erden mittels dieser Methode.

Die außerordentlich desoxydierende Wirkung der Seltenen Erden wird heute im Stahlwerk schon genutzt. Das wirksamste Desoxydationsmittel, das den Stahlerzeugern zur Verfügung steht, ist das etwa 50% Cer enthaltende Mischmetall. Außer als Desoxydationsmittel wird es aber auch als Entschwefelungs- und keimbildendes Mittel bei der Herstellung mehrerer Stahlsorten geschätzt. Wegen seines hohen Importpreises kann es aber nur bei der Herstellung von Sonderstählen angewandt werden.

Zur Bestimmung der zuzustezenden Cer-Mengen müssen zuverlässige Ce-Bestimmungsmethoden zur Verfügung stehen, mit deren Hilfe der Ce-Gehalt in den Vorlegierungen und auch im Stahl ermittelt werden kann. Aus diesem Grund und wegen der Tatsache, daß die nuklearen Eigenschaften des Cers für die 14-MeV-Neutronenaktivierungsanalyse sehr günstig sind, wurden entsprechende Bestimmungsversuche durchgeführt.

Tab. 3. Nukleare Daten des Cers bei Bestrahlung mit 14-MeV-Neutronen

Kernreaktion	Häufigkeit %	Empfangsquerschnitt mb	Halbwertszeit min	Gammaenergie MeV
$^{140}Ce(n, \alpha)^{137m}Ba$	88,48	12,1	2,55	0,66
$^{140}Ce(n, 2n)^{139m}Ce$	88,48	1200	0,92	0,75

Tab. 4. Nukleare Daten von Störreaktionen bei der Cer-Bestimmung mit 14-MeV-Neutronen

Kernreaktion	Häufigkeit %	Empfangsquerschnitt mb	Halbwertszeit min	Gammaenergie MeV
$^{142}Nd(n, \alpha)^{139m}Ce$	27,13	10	0,92	0,75
$^{142}Nd(n, 2n)^{141m}Nd$	27,13	545	1,02	0,75
$^{144}Sm(n, \alpha)^{141m}Nd$	3,16	400	1,02	0,75
$^{144}Sm(n, 2n)^{143m}Sm$	3,16	400	1,02	0,75

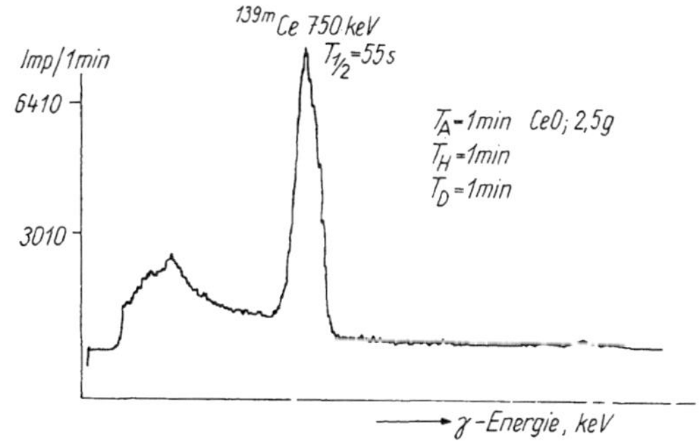

Abb. 1. Gamma-Spektrum einer mit 14-MeV-Neutronen bestrahlten Mischmetallprobe

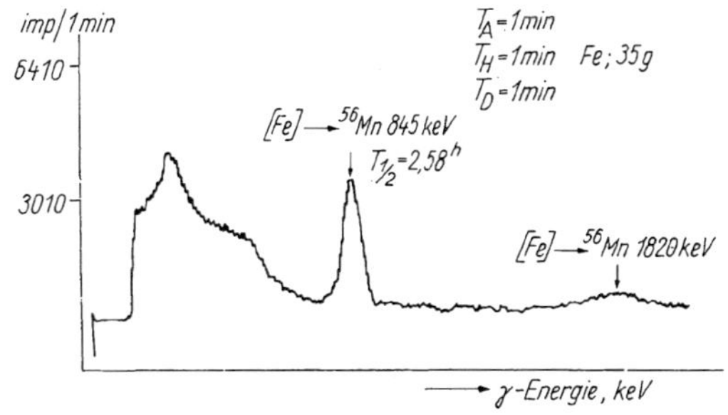

Abb. 2. Gamma-Spektrum einer mit 14-MeV-Neutronen bestrahlten Stahlprobe

Tab. 3 enthält die nuklearen Eigenschaften des ^{140}Ce, dessen natürliche Häufigkeit im Element größer als 88% ist. Die Störreaktionen sind in Tab. 4 zusammengestellt. Abb. 1 zeigt das Gamma-Spektrum einer mit 14-MeV-Neutronen bestrahlten Mischmetallprobe, Abb. 2 das Gamma-Spektrum einer ebenso behandelten Stahlprobe. Man sieht, daß der Photopeak das ^{140m}Ce bei 750 keV neben dem Photopeak des aus dem ^{56}Ce entstehenden ^{56}Mn liegt, was eine einfache Bestimmung des Ce erschwert. Da aber die Halbwertszeiten von ^{140m}Ce (= 55 s) und ^{56}Mn (= 300 s) unterschiedlich sind, können durch Optimierung der Bestrahlungs- und Meßzeiten die Cer-Gehalte der Vorlegierungen ohne Schwierigkeit und die Cer-Gehalte von Stahlproben bis zu einer unteren Grenze von 50 bis 100 ppm bestimmt werden.

Die zwei vorgestellten nuklearen Analysenverfahren zeigen, daß es noch zahlreiche nützliche Anwendungen der Isotopentechnik in der Schwarzmetallurgie gibt.

Eingegangen am 31. 10. 1978

Zerstörungsfreie Sauerstoffbestimmung durch Aktivierungsanalyse mit 14-MeV-Neutronen in Metallen und metallurgischen Produkten

H. Förster

(VEB Mansfeld Kombinat „Wilhelm Pieck" Forschungsinstitut für NE-Metalle)[1])

Ein Bericht über die aktivierungsanalytische Schnellbestimmung des Sauerstoffs in NE-Metallen und metallurgischen Produkten mit dem ungarischen Neutronengenerator vom Typ NA-3. Übermittlung von Erfahrungen und Ergebnissen bei der Spurenanalyse des Sauerstoffs in Al, Cu, Fe, Ag, Zr, Ni, Co, Nb, Ti und Cd unter Angabe der Nachweisgrenze und Genauigkeit. Studium der Verteilung des Sauerstoffs zwischen Oberfläche und Volumen. Aufzeichnung der Oxidbestimmung im Kryolithbad durch Präzisionsanalyse nach einem strengen zeitlichen Regime mit Fluor als inneren Standard.

(D22) INIS DESCRIPTORS:

aluminium; aluminum base alloys; cadmium; cobalt; copper; iron; niobium; neutron activation analysis; nondestructive analysis; oxides; oxygen; silver; titanium; trace amounts; zirconium

Das steigende Interesse, das sowohl Technologen als auch Verbraucher an der Bestimmung des Sauerstoffs in metallischen Werkstoffen zeigen, hat seine Gründe in der Beeinflussung physikalischer und technologischer Eigenschaften vieler Metalle durch geringe Gehalte an gelöstem Sauerstoff, wie z. B. Dehnbarkeit, plastische Verformbarkeit, Gießverhalten und Ermüdungserscheinungen, sowie in der verminderten Gebrauchsqualität durch oxidische Einschlüsse; erinnert sei an das vermehrte Auftreten von Poren in Metallfolien, unerwünschten Informationsverlusten auf metallischen Magnetträgern und ansteigende Fehlerhäufigkeit beim Offsetdruck.

Die Analyse des Sauerstoffs ist in vielen Metallen eine schwierige Aufgabe, da einerseits häufig die Affinität des Sauerstoffs zum Metall sehr groß ist, so daß die eingeführten Analysenverfahren nur sehr unsichere Werte liefern und andererseits die Sauerstoffgehalte, wie die vorliegenden Arbeiten zeigen [1 ... 14], sehr niedrig liegen, so daß hohe Anforderungen an die Nachweisempfindlichkeit gestellt werden. Noch ernstere Schwierigkeiten ergeben sich bei der Analyse des Sauerstoffs in sehr reaktionsfähigen Metallen durch die Ausbildung einer Oberflächenoxidhaut, deren Ausmaß weniger vom Sauerstoffgehalt als vielmehr von der Bearbeitungstechnik der Probenoberfläche abhängt, so daß mit sinkenden Gehalten die Frage nach der Verteilung des Sauerstoffs zwischen Oberfläche und Volumen zunehmende Beachtung verdient.

Angesichts der großen Bedeutung, die den Sauerstoffgehalten bei der Gewinnung und Verarbeitung sowie zur Erzielung gewünschter Gebrauchseigenschaften in vielen Metallen beigemessen wird, wurde im FNE Freiberg eine Neutronengeneratoranlage aufgebaut, die sich zur zerstörungsfreien Schnellanalyse des Sauerstoffs und vieler anderer Elemente, wie z. B. des Fluors, Aluminiums, Siliciums, Stickstoffs, einsetzen läßt.

In diesem Beitrag soll über die bei der Spurenanalyse des Sauerstoffs in NE-Metallen, von Al-Folien, auf Metalloberflächen und in metallurgischen Produkten erzielten Ergebnisse berichtet werden.

Mit einem ungarischen Neutronengenerator vom Typ NA-3, einer schnellen pneumatischen Rohrpostanlage und einer vielekanaligen Kernstrahlungsmeßeinrichtung mit peripheren elektronischen Datenausgabe- und -übertragungseinheiten, sind wir in der Lage, zerstörungsfreie Sauerstoffbestimmungen in vielen Materialien bis hinab zu 1,0 ppm mit einem statistischen Analysenfehler, ausgedrückt durch den Variationskoeffizienten, je nach Gehalt von 2 ... 20% zu machen. Wenn man auch von einer zerstörungsfreien Analysenmethode spricht, so muß doch das zu untersuchende Probenmaterial in eine für die Rohrpost geeignete geometrische Form gebracht werden, um den reibungslosen Probentransport vom Generator an die Meßeinrichtung zu gewährleisten. Kompakte Materialien werden in Scheibenform (Durchmesser 27,8 mm, Dicke 7,8 mm) eingesetzt, Pulver und Flüssigkeiten in Kassetten verpackt.

Reiche Erfahrungen wurden bei der Spurenanalyse des Sauerstoffs in Eisen, Kupfer, Aluminium, Nickel, Kobalt, Tantal, Niob, Titan u. a. Metallen gesammelt. Die hohe Repräsentanz und Zuverlässigkeit der erhaltenen Analysenwerte wird durch das Abklingverhalten der gemessenen ^{16}N-Aktivität, wie Abb. 1 zeigt, bestätigt und durch befriedigenden Vergleich mit Ergebnissen, die durch die unabhängige Methode der Heißextraktion gewonnen worden sind, gesichert (s. Tab. 1).

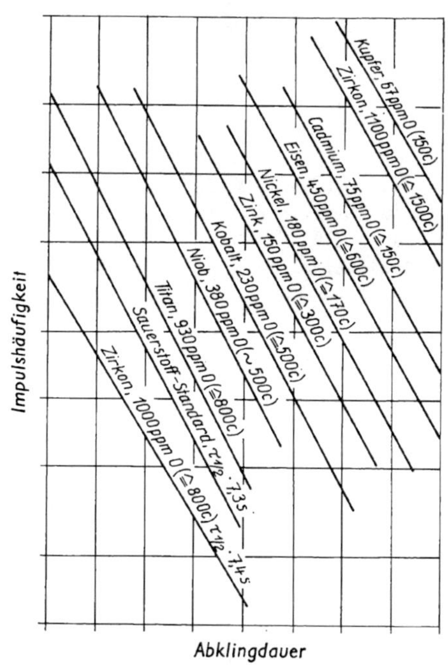

Abb. 1. Abklingverhalten der ^{16}N-Aktivität einiger Metalle in willkürlicher Reihenfolge

---

[1]) Anschrift: 92 Freiberg/Sa., Lessingstr. 41

Tab. 1. Ergebnisse der Sauerstoffbestimmung in Kupfer, Eisen, Nickel und Niob

Probenmaterial	Sauerstoffgehalt in ppm	
	Aktivierungsanalyse	Heißextraktion
Cu 1	18	21
	19	
Cu 2	6	8,0
	7	9,0
	8	
Fe	447	431
	435	443
	445	447
	457	
Ni	13	17
	14	
Nb	360	344

Als besonders wertvoll werden die Ergebnisse der Analyse des Sauerstoffs im Aluminium angesehen, da bisher trotz ihrer großen technologischen und ökonomischen Bedeutung innerhalb unseres Wirtschaftsbereiches nur wenige analytische Laboratorien in der Lage sind, zuverlässige Sauerstoffgehalte in Aluminium zu ermitteln, wie die Resultate einer Ringanalyse, an der sich mehrere Länder beteiligt haben, in Tab. 2 zeigen.

Zu interessanten wissenschaftlichen Ergebnissen führte das Studium der Verteilung des Sauerstoffs zwischen Volumen und Oberfläche an Aluminiumproben unter Abtragung der Oberfläche durch mechanische Bearbeitungstechniken, chemische Ätzung und Ionenstrahlbombardement. Die Varianzanalyse der

Tab. 3. Ergebnisse der aktivierungsanalytisch ermittelten Sauerstoffbedeckung von Aluminiumfolien

Bezeichnung der Folie	Stärke µm	Flächengewicht mg/cm²	Oberfläche cm²	Sauerstoffgehalt mg	µg/cm²
A	7,25	1,97	11154	8,6	0,77
				9,3	0,83
				8,9	0,80
B	9,2	2,49	8822	8,8	0,99
				6,9	0,78
				6,6	0,75
C	16	4,31	5104	6,4	1,25
				5,6	1,09
				4,5	0,88
D	29,5	7,95	2750	5,3	1,93
				4,1	1,49
E	50,4	13,61	1606	3,2	1,99
				2,8	1,74
				2,9	1,81

Tab. 2. Ergebnisse der Ringanalyse

Probe Nr.	Probenmaterial	Sauerstoffgehalt, ppm Brom-Methanol-Methode					Neutronenaktivierung	
		VR Ungarn	DDR	VR Polen	VR Rumänien	CSSR	VR Ungarn	FNE
23	Al99,5	250	610				59	
43	Al99,5	21,5	171	14			35	8
53	Al99,5	27	250	60			(30)	12
63	Al99,7	28	—	12	9–127		35	9
24	AlMgSi	74	230			66	43	12
44	AlMg1Si1	26,8	27	33			32,5	12
54	AlMg1Si1	17	554	14			32	12
04	AlMg1Si1	67	177	200	122–659		45	17
25	AlMg5	102	159				66	22
55	AlMg4	16	165	19			40	12
65	AlMg2	49	49	13	6–35		75	26
45	AlZn5Mg1	20	25	24			35	8
22	AlSi10		293				85	32
52	AlSi10Mg	398	222	410			56	19
62	AlSi7Mg	330	228	48			70	51
21	AlSi12CuMgNi		202				51	26
41	AlSi13MgCuNi	1140	345	660			72,5	30
51	AlSi12	612	868	420			75	26
61	AlSi12CuNi	921	176	100			85,2	44
42	AlCu7Si5	21,5	11	9			37,5	60

Tab. 4. Al_2O_3-Gehalte in Kryolithbädern und synthetischen Gemischen

Proben-bezeichnung	Al_2O_3-Gehalt, %	
	vorgelegt	gefunden
1	15	14,7; 13,5; 15,0; 14,5; 14,4; 15,5
2	10	9,2; 9,8; 10,6
3	7	6,5; 6,2; 6,8; 7,4;
4	5	4,0; 5,1; 4,5; 3,8; 4,5
5	2	2,3; 1,6; 1,7; 2,0; 2,2; 1,7; 2,7
6	1	1,0; 1,1; 0,7
3X5M	nach der Beschickung	4,1; 4,9; 4,7; 4,6
4X3M	während der Elektrolyse	2,4; 2,4; 2,3; 2,7
4X5M	vor der Beschickung	$\leqq 1$; $\leqq 1$; $\leqq 1$; $\leqq 1$

Versuchsergebnisse läßt sich nur verstehen, wenn man annimmt, daß sich die Oberfläche des Aluminiums selbst im Vakuum bei niedrigem Sauerstoffpartialdruck von 10^{-2} Torr rasch mit einer Oxidhaut bedeckt, so daß trotz bestehender Empfehlungen die Glanzbeizung des Aluminiums eine vergebliche Mühe bleiben muß. Die Ergebnisse dieser Untersuchungen fanden ihre Bestätigung durch chemische Ätzung der Oberflächen der Probenkörper nach der Bestrahlung, aber vor der Aktivitätsmessung, die experimentell den Oberflächensauerstoff durch Messung der Aktivität der Ätzlösung zugänglich macht [7].

Durch die Analyse dünner Al-Folien mit 7 ... 50 µm Dicke konnte, wie in Tab. 3 wiedergegeben, die spezifische Sauerstoffbedeckung gewalzter Al-Oberflächen zu ~ 1 µg/cm² ermittelt werden.

Die Analyse des Sauerstoffs mit dem Neutronengenerator ist nicht auf Spurengehalte beschränkt, sondern ebenso attraktiv bei der Analyse hoher Sauerstoffgehalte zur Überprüfung der Stöchiometrie von sauerstoffhaltigen Verbindungen, bei der Silikatvollanalyse oder bei der Analyse von Oxidgehalten, z. B. der indirekten Bestimmung des Al_2O_3-Gehaltes im Kryolithschmelzbad.

Die Bestimmung kleiner Sauerstoffgehalte ist in Gegenwart des Fluors eine schwierige Aufgabe, besonders dann, wenn das störende Element Fluor, wie im Kryolithbad, als Hauptbestandteil auftritt, so daß das im ^{16}N-Fenster gezählte Impulsvolumen vorwiegend über die (n, α)-Reaktion des ^{19}F gebildet wird und nur zu einem geringen Anteil der (n, p)-Reaktion des ^{16}O zugeschrieben werden kann [15]. Der Erfolg bei der aktivierungsanalytischen Bestimmung des Sauerstoffs im Kryolithbad hängt wesentlich von der bei der Ermittlung des Fluoranteiles erreichbaren Genauigkeit ab, denn der Sauerstoffgehalt ergibt sich aus der Differenz zweier großer Zahlen, die den im ^{16}N bzw. ^{18}F-Fenster gemessenen Impulsraten entsprechen. Führt man die Bestimmung als Präzisionsanalyse unter Verwendung von Fluor als inneren Standard nach einem strengen Zeitplan durch, dann kann man noch 1% Al_2O_3, wie Tab. 4 zeigt, mit einem Variationskoeffizienten von 15% im Kryolithbad bestimmen.

Durch die vielseitige Anwendung des Neutronengenerators zur Analyse des Sauerstoffs in Oxiden, NE-Metallen, auf Metalloberflächen, in Profilen, Drähten und Folien konnte den Hüttenbetrieben und Forschungseinrichtungen nicht nur in der DDR, sondern auch in vielen anderen befreundeten Ländern unseres Wirtschaftssystems bei der Verbesserung der Qualität der Erzeugnisse und Rekonstruktion ihrer Verarbeitungstechnologie mit der Durchführung einer Vielzahl von Sauerstoffbestimmungen wertvolle Hilfe geleistet werden.

Eingegangen am 31. 10. 1978

Literatur

[1] *H. Aschehoug*, Gießerei **25** (1973) 81
[2] *G. Beurton, R. Pillon*, J. Radioanal. Chem. **40** (1977) 189
[3] *G. Beurton*, Mémoires Scientifiques Revue Metallurgie, (1975) 95
[4] *D. M. Bibby, V. P. Guinn*, J. Radioanal. Chem. **29** (1976) 121
[5] *D. M. Bibby, J. P. F. Sellschop*, J. Radioanal. Chem. **20** (1974) 677
[6] *R. G. Clark, W. A. Stensland*, J. Radioanal. Chem. **4** (1970) 365
[7] *F. Dugain, C. Mischaut*, J. Radioanal. Chem. **15** (1973) 585
[8] *I. Fujii* u. a., Toshiba Review **1963**, S. 32
[9] *W. Herzog, J. Fahland*, Anal. Chim. SActa **89** (1977) 271
[10] *K. Huysmans, R. Gijbels, I. Hoste*, Talanta **20** (1973) 843
[11] *J. W. Mitchell, E. Bloom, C. E. Gooden, Jr.*, J. Radioanal. Chem. **25** (1975) 221
[12] *R. Sulzberger*, Erzmetall **24** (1971) 123
[13] *S. Taczanowski, I. Janczyszyn*, Radiochem. Radioanal. Letters **6** (1971) 101
[14] *B. Vorsatz, G. Szarka*, Neue Hütte **17** (1972) S. 34
[15] *K. Takada, I. Fujii, M. Ishihawa, H. Muto*, Anal. Chim. Acta **55** (1971) 19

Tagungsberichte

Bericht über das Symposium der IAEA/FAO „Use of Isotopes and Radiation in Research on Soil-Plant Relationships" vom 11. bis 19. 12. 1978 in Colombo

Die International Atomic Energy Agency und die Food and Agriculture Organisation veranstalteten in Colombo, Sri Lanka, eine Tagung über die Anwendung radioaktiver und stabiler Isotope bei der Erforschung des Stoffaustausches im System Boden/Pflanze. An der Tagung nahmen 36 Wissenschaftler aus Sri Lanka und 44 Wissenschaftler aus anderen Ländern, in erster Linie aus Frankreich, Indien und der DDR, teil. Die DDR war durch die Autoren dieses Berichtes vertreten. Es wurden Vorträge zu folgenden Themen gehalten:

- Düngerverwertung
- Wasser- und Ionentransport
- Organische Stoffe bei der Bodenbearbeitung
- Mikronährstoffe
- Nährstoffverfügbarkeit
- Techniken und analytische Methoden
- Wasserreis und Trockenreis.

Im Rahmen einer Exkursion konnte das Central Research Institute of Agriculture, Kandy-Peradeniya, besichtigt werden, in dem etwa 200 Wissenschaftler und technische Kräfte auf hohem Niveau stehende Arbeiten auf den Gebieten der Bodenkunde, der Melioration, des Pflanzenbaus und der Pflanzenzüchtung, des Gartenbaus und des Pflanzenschutzes durchführen.

Die Tagung brachte zum Ausdruck, daß die Isotopenanwendung in die Erforschung des gesamten Komplexes Boden/Wasser/Nährstoff/Pflanze eingedrungen ist. Methodische Fortschritte wurden dargestellt hinsichtlich der kombinierten Anwendung von Isotopen mehrerer Elemente zur Lösung ein und desselben Problems der Wechselbeziehungen zwischen Boden und Pflanze, hinsichtlich der Anwendung der Neutronen-Radiographie und in bezug auf die Erforschung des Einflusses von Wirkstoffen auf den Mineraltransport mit den Mitteln der Autoradiographie.

In einer Reihe von Vorträgen kam auch die Bedeutung radioaktiver und stabiler Isotope bei der Erforschung der Zusammenhänge zwischen Landwirtschaft und Umweltschutz zum Ausdruck. Viele Vorträge behandelten den Einsatz der Isotopentechnik bei der Untersuchung von Problemen der Mikronährstoffe, besonders hinsichtlich der Erhöhung der Effektivität von Makronährstoffen. Bei dem hohen Anteil an Vorträgen aus reisanbauenden Ländern nimmt es nicht wunder, daß Probleme der Düngung von Bewässerungskulturen einen gebührenden Platz einnahmen. Angesichts des Tempos der Industrialisierung der Landwirtschaft der DDR gewinnen diese Fragen auch für die DDR zunehmende Bedeutung. In vielen Vorträgen wurde auch über die Anwendung von ^{32}P zur Erforschung der Nachwirkung von Phosphatdüngern mit Hilfe der *L*-Wert-Technik berichtet.

Weiterhin wurde die Breite der Anwendung des stabilen Isotops ^{15}N deutlich: die 8 Vorträge der Sektion „Düngerverwertung" befaßten sich ausschließlich mit der Anwendung dieses Isotops; von den 4 Vorträgen der Sektion „Wasserreis und Trockenreis" betrafen zwei das ^{15}N. Die Anwendung von N^{14} wurde nur in einem Vortrag erwähnt.

R. A. Olson, Department of Agronomy, University of Nebraska, USA, hielt einen Übersichtsvortrag über Isotopenuntersuchungen über den Boden- und Düngemittelstickstoff. Beim Vergleich der Anwendung von ^{15}N-angereichertem mit ^{15}N-abgereichertem Material wird festgestellt, daß beide Materialien geeignet sind, die Stickstoffaufnahme der Pflanzen zu verfolgen. Voraussetzung für die Anwendung abgereicherten Materials sowie niedrig angereicherten Materials ist das Vorhandensein eines Massenspektrometers. Die Emissionsspektrometrie ist nicht geeignet für die Verwendung des abgereicherten Materials. Die Grenzen des abgereicherten Materials bestehen darin, daß es bei seiner Anwendung nicht möglich ist, Nachwirkungseffekte sowie Stickstoffauswaschungen in den Untergrund zu ermitteln. Die Vorteile bestehen in seinem niedrigen Preis und der damit vorhandenen Möglichkeit, Feldversuche in größerem Maßstab durchzuführen. Anschließend wird ein Überblick über die Umwandlungsprozesse des Stickstoffs im System Düngemittel/Boden/Pflanze/Atmosphäre gegeben, die mit Hilfe der Anwendung des Isotops ^{15}N aufgeklärt wurden. Es wird betont, daß das tatsächliche Verhalten des Düngemittelstickstoffs und seine Ausnutzung nur unter Verwendung von ^{15}N-markiertem Material untersucht werden können.

Die Mineralisierung und Immobilisierung von Stickstoff ist ein wechselseitiger und von vielen Faktoren abhängiger Prozeß. Es wurde festgestellt, daß die Mineralisierung von einmal immobilisiertem Düngemittelstickstoff zu anorganischen Stickstofformen ein sehr langsamer Prozeß ist, der Jahre oder Jahrzehnte erfordert. Das Vorhandensein der Denitrifikation wurde in vielen Laboratoriumsuntersuchungen durch direkte Isotopenmessungen bestätigt. Die Voraussage des Ausmaßes der Denitrifizierung und der dadurch bedingten Stickstoffverluste ist bis jetzt nicht möglich, da die Messung des gesamten Boden-Luft-Volumens auch als Funktion der Zeit gegenwärtig nicht möglich ist. Aus diesem Grunde wird die Differenzmethode, d. h. die Bestimmung der Differenz zwischen der gegebenen Düngemittel-N-Menge und der Stickstoffmenge, die in den Pflanzen, in den Drainagewässern und im Boden wiedergefunden werden, als beste Methode zur Bestimmung der Denitrifikationsverluste betrachtet.

Zum Problem der Nitrat- bzw. Ammoniumernährung der Pflanzen wird festgestellt, daß die Mehrzahl der Pflanzen beide Stickstofformen in gleichem Grade ausnutzt. Wenn Unterschiede vorhanden sind, so wird meist Ammoniumstickstoff etwas besser in den frühen Vegetationsstadien und Nitratstickstoff in den späteren Vegetationsstadien ausgenutzt. Verluste aus Ammoniumstickstoff infolge der Verflüchtigung von Ammoniak in die Atmosphäre können aus Ammoniumdüngemitteln auf kalkhaltigen Böden sowie aus Harnstoff infolge der Hydrolyse im Boden beträchtliche Ausmaße annehmen.

Für die Fixierung von elementarem Stickstoff aus der Atmosphäre werden vier Möglichkeiten angegeben:

- die elektrischen Entladungen in der Atmosphäre
- Verbrennungsmaschinen
- symbiotische Fixierung
- nichtsymbiotische Fixierung.

Durch elektrische Entladungen in der Atmosphäre werden dem Boden jährlich nur wenige Kilogramm Stickstoff pro Hektar zugeführt. Durch die Verbrennungsmaschinen ist in Abhängigkeit vom Industrialisierungsgrad und dem Automobilverkehr eine Zuführung in Höhe bis zu 73 Kilogramm pro Hektar jährlich möglich (im Staat Connecticut, der im Windschatten von

New York liegt). Durch nichtsymbiotische Fixierung werden in den meisten Fällen nur wenig mehr als 10 kg Stickstoff pro Hektar jährlich gebunden. Das Ausmaß der symbiotischen Fixierung von Luftstickstoff kann durch Anwendung von ^{15}N geklärt werden. In diesem Zusammenhang ist von Bedeutung, daß eine zusätzliche Stickstoffgabe beim Anbau von Leguminosen zum Zeitpunkt der Blüte eine gute Stickstoffwirkung bringt und dabei die Aktivität der Knöllchenbakterien in wesentlich geringerem Maß negativ beeinflußt als eine Stickstoffanwendung zur Saatzeit. Die Anwendung isotopmarkierten Stickstoffs bei Mais unter Bewässerungsbedingungen zeigte, daß Stickstoff besser ausgenutzt wird, wenn kleinere (50 mm) und dafür häufigere Wassergaben verabreicht werden, als bei einer einmaligen hohen Wassergabe. Die späte Stickstoffdüngung (50 cm Wachstumshöhe der Maispflanzen) führt zu einer besseren Ausnutzung des Stickstoffs durch das Korn. Auswaschungsverluste treten nur dann auf, wenn mehr Stickstoff als zur Erreichung des Maximalertrages notwendig ist, angewendet wurde.

In tiefen Bodenschichten vorhandenen Stickstoff erreichen die meisten Wurzeln vor allem während später Entwicklungsstadien. Dabei wird der bis in 1,80 m Tiefe vorhandene Stickstoff besonders bei niedrigen Gaben gut ausgenutzt, während bei Vorhandensein hoher Stickstoffmengen in der oberen Bodenschicht (bis 60 cm Tiefe) relativ wenig Stickstoff aus größeren Bodenschichten aufgenommen wird.

P. F. Chabalier und *J. Pichot*, IRAT, Frankreich bzw. Elfenbeinküste, berichteten über die Ausnutzung von Stickstoffdüngemitteln durch Mais in der Elfenbeinküste. Verglichen wurde die Wirkung von Harnstoff, der einmal zur Aussaat und zum anderen Teil zur Zeit der männlichen Blüte ausgebracht wurde, sowohl ohne als auch mit Zusatz von Stroh und Kompost. Die frühen Harnstoffgaben führten zu einer Verteilung des Düngemittelstickstoffs vor allem in den vegetativen Pflanzenorganen und wurden schlecht ausgenutzt, wenn der Boden eine gute Mineralisierungskapazität besaß. Die späten Harnstoffgaben führten besonders zu einer Anreicherung des Düngemittelstickstoffs im Korn und generell zu einer besseren Stickstoffausnutzung durch die Pflanze; ausgenommen ist das Auftreten von Trockenperioden. Die Anwendung von Stroh und Kompost kann einen depressiven Effekt auf die Ausnutzung des Düngemittelstickstoffs ausüben.

J. Dubernard und *J. Gigou*, IRCT, Kamerun, berichteten über die Untersuchung des Verbleibs von Düngemittelstickstoff beim Hirseanbau in Nordkamerun. In diesen Untersuchungen wurden 40 bis 45% des in Form von markiertem Ammoniumsulfat angewendeten Düngemittelstickstoffs in den oberirdischen Pflanzenteilen wiedergefunden und 10 bis 15% im Boden einschließlich der Wurzel. Auf Grund der Witterungsbedingungen waren die Auswaschungsverluste gleich Null. 40 bis 45% des angewandten Stickstoffs wurden nicht wiedergefunden. Diese offensichtlich durch Verflüchtigung als Ammoniak oder infolge der Denitrifikation verlorengegangenen Stickstoffmengen bewirken eine sehr schlechte Düngemittelausnutzung. Es wird vorgeschlagen, weitere Forschungsarbeiten aufzunehmen, um Wege zur Verringerung dieser hohen Verluste zu finden.

W. Matzel, *H. Lippold* und *R. Heber*, Institut für Düngungsforschung Leipzig—Potsdam, DDR, berichteten über die Stickstoffaufnahme und die Bilanz von Düngemittelharnstoff, Harnstoff + Ureaseinhibitor und Ammoniumnitrat bei der Anwendung zu Sommerweizen während des Schossens. Berichtet wurde über den Einsatz von ^{15}N-markierten Düngemitteln zur Bestimmung der Wirksamkeit eines Ureasehemmers.

C. Hera, Forschungsinstitut für Getreide und industrielle Pflanzen, Fundulea—Bukarest, SR Rumänien, berichtete über einige Aspekte der Stickstoffdüngung bei Verwendung von ^{15}N-markierten Düngemitteln. Es wurden Ergebnisse mitgeteilt, die im Rahmen des Forschungsprogrammes, welches durch die JOINT FAO/IAEA Division of Atomic Energy in Agriculture koordiniert wurde, und des rumänischen nationalen Kernforschungsprogrammes erhalten wurden. Für die hauptsächlichsten landwirtschaftlichen Kulturen in Rumänien — Mais, Weizen, Sonnenblume, Sojabohne und Bohne — wurden mit Hilfe der Anwendung ^{15}N-markierter Düngemittel die optimalen Düngemittelmengen sowie die besten Anwendungszeiten und -methoden ermittelt, welche zu einem Ansteigen des Ausnutzungskoeffizienten und der maximalen Effektivität der Düngemittel führen. Im Maisanbau zeigten Harnstoff und Ammoniumnitrat eine etwas bessere Wirkung als Ammoniumsulfat. Die Stickstoffausnutzung war besonders hoch bei der Anwendung der Düngemittel während der Vegetationsperiode und erreichte hier etwa 50% der ausgebrachten Menge. Bei Winterweizen wurden die höchsten Erträge und N-Ausnutzungskoeffizienten gefunden, wenn der Stickstoff zur Hälfte im Herbst und zur Hälfte im Frühjahr ausgebracht wurde. Bei der Ausbringung des Stickstoffs zu verschiedenen Vegetationsstadien wurde der höchste Ausnutzungskoeffizient dann gefunden, wenn der Stickstoff im Stadium 50% des Ährenschiebens verabreicht wurden. Im gleichen Versuch wurde auch eine bessere Ausnutzung des Nitratstickstoffs gegenüber dem Ammoniumstickstoff durch Weizen gefunden. Bei Sojabohnen wurde ein signifikant positiver Einfluß auf Ertrag und Eiweißertrag durch eine Gabe von 30 kg Stickstoff pro Hektar kurz vor der Blüte erzielt.

S. Diatta, Institut senegalais de recherches agricoles, Centre national de recherches agronomiques de Bambey, Senegal, berichtete über den Einfluß organischer Bodenverbesserer auf die Regenerierung von Roterdeböden in Senegal. Roterdeböden sind in der Regel arm an organischer Substanz. Ziel der Untersuchungen war dieStabilisierung derTonerdekomplexe mitHuminsäuren und die Erhöhung der Absorptionskapazität der Böden durch Zusatz von organischen Bodenverbesserern. Die Wirkung dieser Zusätze auf die Anreicherung des Bodens mit Kationen und Anionen wurde mit Hilfe von $^{42}K^+$ und $^{33}PO_4^{--}$ studiert.

K. Tiller, CSIRO, Division of Soils, Glen Osmond, Australien, berichtete über die Anwendung von Isotopen für Mikronährstoffuntersuchungen. Zur Untersuchung des Verhaltens von Mikronährstoffen im System Boden/Pflanze kamen folgende Isotope zur Anwendung:

^{64}Cu, ^{65}Zn, ^{55}Fe, ^{59}Fe, ^{54}Mn, ^{58}Co, ^{60}Co, ^{99}Mo und ^{36}Cl.

Zur Bestimmung der Mikronährstoffverfügbarkeit werden *E*-, *A*- und *L*-Wert sowie Kapazitäts- und Intensitätsbeziehungen herangezogen. Am Beispiel des Zinks wird dargestellt, daß die Anwendung trägerfreier Isotope eine gute Möglichkeit für die Bestimmung des *L*-Wertes darstellt und nicht auf bestimmte Bodentypen beschränkt ist, wie das für den *E*-Wert der Fall ist.

Tiller schlägt vor, das Verhältnis Q/I besser mit dem Begriff „Pufferkraft" zu bezeichnen. Für die Bestimmung der Pufferkraft ist die Anwendung der Radio-Isotopentechnik besonders gut geeignet. Messungen unter Verwendung trägerfreier Isotope minimieren das Problem der irreversiblen Fixierung des Trägers, welches in stark fixierenden Böden z. B. die *E*-Wert-Messung ungünstig beeinflußt, und sichert weiterhin, daß die Messung des Anstiegs auf dem Desorptionsteil der Isotherme stattfindet, was den Bedingungen der Mikronährstoffaufnahme durch die Pflanzenwurzeln entspricht. Radioaktive Isotope der Mikronährstoffe werden weiterhin zur Ermittlung der Beweglichkeit der Mikronährstoffe im Boden, der Aufnahme der Mikronährstoffe durch die Pflanzenwurzeln und der Verteilung der Mikronährstoffe in den Pflanzen verwendet.

T. J. D'Souza und *K. B. Mistry*, Atomforschungszentrum Trombay, Bombay, Indien, berichteten über die Aufnahme, die

Verteilung und den Metabolismus von ^{59}Fe, ^{58}Co, ^{54}Mn und ^{65}Zn bei Bohnen, Mais und Reis und die Mobilität und Verfügbarkeit dieser Mikronährstoffe in typischen Schwarzerden und Lateritböden. Die Akkumulation im oberirdischen Pflanzengewebe war bei Zink und Mangan größer als bei Kobalt und Eisen. Die Verteilung von Eisen, Kobalt und Zink auf die verschiedenen oberirdischen Organe der Bohne war gleichmäßig, wohingegen die Manganverteilung einem akropetalen Gradienten unterworfen war. Von den Pflanzen wurden die Radionuklide aus beiden Böden in folgender Reihe aufgenommen: Mangan > Zink > Eisen > Kobalt. Die Aufnahme aus dem Lateritboden war höher als aus dem Schwarzerdeboden. Überflutung des Bodens führte zu einer Reduktion der Eisenaufnahme und dem Anstieg der Aufnahme von Kobalt, Mangan und Zink in beiden Böden. Alle vier Nuklide waren in beiden Bodentypen vollständig unbeweglich gegenüber Regenwasser oder Bewässerungswasser.

C. Hera, Forschungsinstitut für Getreide und industrielle Pflanzen, Fundulea—Bukarest, SR Rumänien, berichtete über den Beitrag der Isotopenanwendung zur Entwicklung der Agrarforschung und Produktion in Rumänien.

Beginnend mit einigen gemeinsamen Projekten mit der IAEA wurde vor 15 Jahren ein nationales Programm zur Anwendung von Isotopen in der Landwirtschaft gestartet. Hauptstudienobjekte sind Weizen, Mais, Sonnenblumen und Leguminosen. Die Einführung der durch ^{15}N-Anwendung gewonnenen Erkenntnisse in der Pflanzenernährung (Termin der N-Gabe, Teilung der N-Gabe) in die Praxis führte zu durchschnittlichen Ertragssteigerungen von 6,2 dt/ha bei Mais, zur Erhöhung der Stickstoffausnutzung durch Anbau von Silomais nach Winterweizen und zur Erhöhung des Proteingehaltes von Weizen durch die späte N-Düngung. Die Ausbringung von 20 kg Stickstoff pro Hektar zu Sojabohnen vor der Blüte führte nicht zur Verringerung der Aktivität der Knöllchenbakterien, sondern zu einem beträchtlichen Proteinzuwachs. Die Anwendung von 20 kg Stickstoff pro Hektar zur Aussaat der Sojabohnen verringerte die Stickstoffixierung durch die Knöllchenbakterien beträchtlich.

L. Gachon, I.N.R.A., Clermont-Ferrand, Frankreich, berichtete über die Einschätzung der Phosphatverfügbarkeit mittels des isotopisch austauschbaren Phosphors und der Fixierungskapazität der Böden und die vergleichende Wirksamkeit verschiedener Phosphatdüngemittel, die einer Alterungsvorbehandlung im Boden unterworfen waren. An mehr als 400 repräsentativen französischen Böden wurde die Kinetik der Phosphatabsorption mittels Raigras in Gefäßversuchen untersucht. Parallel wurden der E- und L-Wert sowie die Fixierungskapazität der Böden bestimmt. Durch Kombination von E-Wert und Fixierungskapazität bzw. L-Wert und Fixierungskapazität werden zwei neue Indizes vorgeschlagen: I_E und I_L, die es gestatten, die Fähigkeit eines Bodens, die Pflanzen ausreichend mit Phosphor zu ernähren, einzuschätzen. Zwischen den Indizes und der in vier Schnitten aufgenommenen P-Menge aus dem Boden bestehen sehr gut gesicherte Korrelationen. Mittels der Bestimmung des E-Wertes, des L-Wertes und der Kinetik der Phosphataufnahme durch die Pflanze (Raigras) wird aus fünf repräsentativen Böden die Wirkung von sechs Düngemitteln miteinander verglichen.

Die starke Abhängigkeit der P-Wirkung vom pH-Wert des Bodens bei Rohphosphat und Phospal (einem Kalzium-Aluminium-Phosphat) wird bestätigt; während Dikalziumphosphat und Thomasschlacke eine dem Superphosphat äquivalente, bei höheren pH-Werten noch überlegene Wirkung aufweisen, wird bei Rohphosphat mit wachsendem pH-Wert eine sehr starke Erniedrigung der Phosphatwirkung bis auf Null beobachtet. Phospal erreicht bei hohen pH-Werten fast die Wirkung von Superphosphat, ist aber bei niedrigen pH-Werten nur zu etwa einem Viertel dem Superphosphat äquivalent.

J. Pichot, *B. Truong* und *P. Beunard*, I.N.R.A., Montpellier, Frankreich, berichteten über die Wirkung westafrikanischer Rohphosphate auf die Phosphataufnahme durch Agrostis und auf den isotopisch austauschbaren Phosphor (L-Wert) in fünf tropischen Böden. In den sehr sauren Böden (pH 4,3 bis 5,5) wurden P-Wirkungen der westafrikanischen Rohphosphate von 0,16 bis 0,69 (Tripel-Superphosphat = 1,0) gefunden. Das zum Vergleich herangezogene tunesische Rohsphosphat war dem Tripel-Superphosphat auf den sehr sauren Böden gleichwertig. Bei pH-Werten zwischen 5,9 bis 6,5 erreichte das tunesische Rohphosphat nur 54 bzw. 42% der Wirkung des Tripel-Superphosphats. Die Effektivität der Rohphosphate wurde mit Hilfe der Bestimmung des L-Wertes ermittelt, der sich hier als gut geeignet erwies. Die Korngröße der Rohphosphate lag unter 0,1 mm.

A. J. Andersen und *J. D. Thomsen*, Risø National-Laboratorium, Roskilde, Dänemark, berichteten über die Wirksamkeit von vier Pflanzenarten bei der Aufnahme und Ausnutzung von Phosphor. Untersucht wurden Gerste, Buchweizen, Erbse und Lupine, Die festgestellten beträchtlichen Unterschiede in den L-Werten, die bei Anbau der verschiedenen Pflanzenarten erhalten wurden (Gerste brachte den niedrigsten, Buchweizen und Lupine den höchsten L-Wert), zeigen, daß die vier Pflanzenarten in ihrer Fähigkeit, Bodenphosphor aufzunehmen, unterschiedlich zu bewerten sind. Es wird angenommen, daß sowohl die Wurzelausdehnung als auch physiologische Unterschiede im Nährstoffaufnahmemechanismus, z. B. Kalziumaufnahme und pH-Änderungen in der Rhizosphäre, diese Unterschiede verursachen. So erhöht Gerste den pH-Wert in der Rhizosphäre, während Buchweizen den pH-Wert sehr stark erniedrigt. Obgleich die Pflanzen eine unterschiedliche Fähigkeit besitzen, Bodenphosphor aufzunehmen, beeinflussen sie die Verfügbarkeit des im Boden vorhandenen Phosphors nicht, wie sich am Anbau von Raigras nach der Bebauung mit den vier genannten Pflanzenarten beweisen ließ.

S. T. Willat und *R. G. Struss*, Iowa State, University, Ames, Iowa, USA, stellten Ergebnisse ihrer Untersuchungen über die Wurzelentwicklung mit Hilfe der Neutronenradiographie dar. Als Neutronenquelle diente der Ames Laboratory Research Reactor, Iowa, der einen Neutronenstrahl von 10^7 n $cm^{-2}s^{-1}$ (0,04 eV) liefert. $5 \cdot 10^9$ n cm^{-2} genügen für die Herstellung von Radiogrammen der Wurzeln in Töpfen aus Aluminium. Zur Aufzeichnung der Neutronen dienten Indium-Kollektorfolien. Der Vorteil dieser Methode liegt darin, daß die Wurzelentwicklung im Topf ohne störende Eingriffe verfolgt werden kann. Die Expositionszeiten liegen bei einigen Minuten. Bei Anwendung einer 6-mg-^{252}Cf-Quelle sollen Expositionszeiten von 4 Stunden ausreichen, wenn das Problem der Thermalisierung der Neutronen gelöst werden kann. Auch Deuterium-Deuterium-Neutronengeneratoren sollen als Neutronenquellen für solche Untersuchungen in Frage kommen.

Der Vortrag von *M. Penot*, Laboratoire de physiologie végétale, Université de Bretagne occidentale, Brest, Frankreich, zeigte in eindrucksvoller Weise, welche Möglichkeiten im kombinierten Einsatz von Radionukliden mehrerer Elemente zur Lösung biochemischer und pflanzenphysiologischer Probleme liegen. Untersucht wurde der Einfluß von Phytohormonen auf den Transport von PO_4^{---}, SO_4^-, Ca^{++} und Cl^- in Blättern. Der abgeschnittene Stiel wurde in die radioaktiv markierte Lösung eingetaucht; die Wirkstoffe wurden auf bestimmte Blattpartien aufgetupft. Zur Erfassung der Verteilung der Ionen im Blatt wurde die Autoradiographie herangezogen. Solche Untersuchungen lassen Rückschlüsse auf die Mechanismen des Wirkstoffeinflusses auf den Salztransport zu. Beim Zusammenwirken mehrerer Wirkstoffe kommen synergistische und antisynergistische Effekte vor. Eine Beschleunigung des Salztransports wird nur bei Ionen beobachtet, die einen Zusammenhang mit dem Proteinstoffwechsel haben.

K. Wetzel, H. Faust und *H. Bornhak*, Zentralinstitut für Isotopen- und Strahlenforschung der AdW der DDR, Leipzig, berichteten über die Anwendung des ^{15}N-Analysators Isonitromat des VEB Statron, Fürstenwalde, zur Bestimmung des Stickstoffgehalts in Böden nach dem Prinzip der Isotopenverdünnungsmethode, und zwar sowohl für den Fall, daß der Stickstoff von natürlicher Isotopenzusammensetzung ist, als auch für den Fall, daß er mit ^{15}N markiert ist. Es wurden die optimalen Bedingungen für die Durchführung der Isotopenverdünnungsanalyse ermittelt. Für den Fall, daß mit ^{15}N-markiertem Stickstoff zu bestimmen ist, sollte oberhalb 7 Atom-% ^{15}N mit Stickstoff natürlicher Isotopenzusammensetzung verdünnt werden. Bei ^{15}N-Häufigkeiten zwischen 0,37 Atom-% und 7 Atom-% ist mit ^{15}N-markiertem Stickstoff mit 50--95 Atom-% zu verdünnen. Die ausgearbeitete Methodik wurde auf die Bestimmung von austauschfähigem NH_4^+ und NO_3^- in Böden verschiedener Typen (lehmiger Ton, sandiger Lehm, Lehm) angewandt. Dafür wurde eine spezielle Experimentiertechnik mit Absorption des NH_3 an einem mit H_2SO_4 benetzten Glasstab erarbeitet.

I. Reckrühm, Sektion Gartenbau der Humboldt-Universität Berlin, DDR, berichtete über die Bestimmung der physiologischen Wurzelaktivität von Obstbäumen mit Hilfe von ^{131}J. Die radioaktiven Lösungen wurden nach zwei verschiedenen Methoden in Bodentiefen von 20 bis 40 cm eingebracht: Anbringen eines Bohrloches von 8 cm Durchmesser und Anbringen von 5 Bohrlöchern von 2 cm Durchmesser auf einer Kreisfläche von 8 cm Durchmesser. Die ^{131}J-Verteilung im Xylem des Stammes und in den Ästen und Zweigen wurde autoradiographisch untersucht. Die Blätter wurden getrocknet und dann der Aktivitätsmessung unterworfen. Als Versuchsobjekte dienten 2 bzw. 7 Jahre alte Birnbäume und 13 Jahre alte Apfelbäume. Es wurde ein Einfluß sowohl der Entwicklung des Verzweigungssystems der Baumkrone als auch der Zahl der Wurzelspitzen pro Volumeneinheit auf die Wurzelaktivität nachgewiesen.

C. G. Silva, B. Arsecularatne und *L. J. Wickremasinghe*, Rubber Research Institute of Sri Lanka, Agalawatta, Sri Lanka, berichteten über Untersuchungen zur Wurzelaktivität von Hevea brasiliensis mit Hilfe von ^{32}P. Das ^{32}P wurde in verschiedenen Abschnitten vom Stamm und in verschiedenen Tiefen in den Boden injiziert und sowohl im Latex als auch in den Blättern nachgewiesen. Die höchste Radioaktivität zeigte Latex 8 Wochen nach der Injektion. Bei 75 cm Abstand vom Stamm und 15 cm Tiefe lag die Wurzelaktivität am höchsten.

S. Patnaik, Central Rice Research Institute, Cuttack, Indien, gab einen Überblick über eigene Arbeiten und Untersuchungen anderer Autoren auf dem Gebiet der Isotopenanwendung zum Studium der Bodenfruchtbarkeit, des Nährstoffangebots und der Düngemittelverwertung bei Wasserreiskulturen. Behandelt wurden die Anwendung von ^{15}N und ^{32}P beim Studium des Verbleibs im Boden vorhandener bzw. dem Boden zugeführter Düngemittel, die Verwertung dieser Nährstoffe in Abhängigkeit von Zeit und Art der Düngung, die relative Wirksamkeit verschiedener Formen der Düngemittel sowie die Anwendung von ^{65}Zn bei der Untersuchung des Zinks als Mikronährstoff von Wasserreis. Die Autoren weisen auf die Notwendigkeit hin, von Arbeiten mit Topfkulturen auf Arbeiten in größerem Mastab überzugehen. Die Kurzlebigkeit solcher Radionuklide wie ^{32}P erschwert Untersuchungen, die sich über die gesamte Vegetationsperiode erstrecken.

V. R. Rao, P. B. N. Charyulu, D. N. Nayak und *C. Ramarkrishna*, Central Rice Research Institute, Cuttack, Indien, untersuchten die Fixierung des molekularen Stickstoffs durch frei lebende Mikroorganismen in Trockenreiskulturen mit Hilfe von ^{15}N. Studiert wurde der Einfluß des Wasserregimes, von organischen Substanzen sowie von Pestiziden auf die biologische Stickstoffixierung. Bei Pestiziden kommen sowohl Stimulierung als auch Hemmung der Stickstoffbindung vor. Unter günstigen Bedingungen erscheint die biologische Fixierung von 5—10 kg Stickstoff pro Hektar Trockenreiskultur möglich.

Eingegangen am 9. 3. 1979

K. Wetzel, W. Matzel, I. Reckrühm

Bericht über die 11. Winterschule „Strahlenschutzphysik" vom 26. Februar bis 2. März 1979 in Gaußig

Die vom Wissenschaftsbereich Strahlenschutzphysik der Technischen Universität Dresden veranstaltete 11. Winterschule „Strahlenschutzphysik" fand in diesem Jahr vom 26. Februar bis 2. März 1979 in Gaußig statt. Die Teilnehmer kamen aus dem VIK Dubna, aus der ČSSR und der UVR, sowie aus 14 Institutionen der DDR.

In 39 Vorträgen (Einführungsvorlesungen, Forschungsberichte und Übersichtsvorträge) wurde ein interessantes und niveauvolles Programm geboten.

Im ersten Themenkomplex erfolgte eine Vorstellung des wissenschaftlichen Arbeitsgebietes verschiedener Institutionen. Außerdem wurden Forschungsberichte aus diesen Institutionen gegeben. *H. Greupner* gab in seinem Vortrag „Die metrologische Basis des ASMW zur Sicherung einheitlicher und richtiger Aktivitätsmessungen in der DDR" einen Überblick über die vorhandenen Aktivitätsmeßeinrichtungen und über Formen des Anschlusses von Referenznormalen sowie Arbeitsmitteln an die Aktivitätseinheit. Die konstruktiven Details des Lehrreaktors der Ingenieurhochschule Zittau und das Ausbildungsprogramm für Studenten an diesem Reaktor wurde von *K. Konschak* („Der Zittauer Lehrreaktor ZLR") vorgestellt. *K. Eichhorn* berichtete über „Erfahrungen mit verschiedenen Techniken zur Bestrahlung biologischen Materials mit geladenen Teilchen". In seinem Vortrag „Die Größe ‚ret-Dosis' als ein Maß für den durch fraktionierte Einwirkung ionisierender Strahlung am Bindegewebe zu erwartenden Strahleninsult" erläuterte *L. Voigtmann* Möglichkeiten, die zeitlichen Bedingungen bei der Applikation ionisierender Strahlung zu berücksichtigen.

Eine Reihe von Vorträgen befaßte sich mit Berechnungen und experimentellen Untersuchungen von Strahlungsfeldern. Im Vortrag von *W. Sowa* und *F. W. Krüger* wurde ein „Modell zur Berechnung der mittleren Gamma-Strahlungsbelastung unter einer kontinuierlich emittierenden Quelle radioaktiver Abluft" vorgestellt und ein Vergleich der Ergebnisse mit den Berechnungen unter Verwendung des Programms METEOR II durchgeführt. Probleme der Bestimmung von Protonen- und Neutronenstrahlungsfeldern behandelten die Vorträge „Energie- und Winkelverteilung des Protonenstrahlungsfeldes hinter der Betonabschirmung des 660-MeV-Synchrozyklotrons" (*G. Hahn, V. E. Alejnikov, M. M. Komočkov, A. R. Krylov, G. N. Timošenko*), „Entfaltung von Neutronenspektren im Energiebereich von 10^{-8} MeV bis 15 MeV, die mit Aktivierungssonden gemessen wurden, mit Hilfe der Methode der statistischen Regularisation" (*V. P. Bamblevskij* und *V. V. Grečko*, vorgetragen von *G. Hahn*) und „Möglichkeiten zur Spektrenbestimmung schneller Neutronen“ (*G. Hahn, V. E. Alejnikov, M. M. Komočkov, G. N. Timošenko*). „Erste spektrometrische und dosimetrische Messungen der hochenergetischen Quantenstrahlung in KKW der DDR“ (*W. Will, N. Dymke, R. Kunze*) hatten die Einschätzung des Anteils der hochenergetischen ^{16}N-Gammastrahlung an der Gesamtdosisleistung zum Ziel. Im Vortrag „Aufbaufaktoren für breite Bündel von Gammastrahlung“ (*T. Čechak, L. Musilek, J. Šeda*) wurden die Aufbaufaktoren angegeben, die durch Experimente und durch Berechnungen mittels Monte-Carlo-Methode ermittelt waren. *J. Steuer* berichtete über „Experimentelle Untersuchungen zum Strahlenschutz mit Hilfe von Phantomen“ und verglich die Grundforderungen an Phantome mit praktischen Beispielen.

Der nächste große Komplex hatte Vorträge zu Problemen der Strahlenschutzmeßtechnik zum Inhalt. Zur Einführung sprach *V. Schuricht* zum „Entwicklungsstand der Strahlenschutzmeßtechnik aus der Sicht der Nuclex 78“ und legte dabei den Schwerpunkt auf die Personendosimetrie sowie die Dosisleistungsmessung. Eine Übersicht über „Stand und Entwicklungstendenzen des Einsatzes von Festkörperspurdetektoren in der Strahlenschutzmeßtechnik“ gab *B. Dörschel*. *G. Pretzsch* erläuterte die einzelnen, nacheinander ablaufenden Prozesse bei der „Erzeugung von Meßeffekten in passiven Festkörperdetektoren durch Neutronenstrahlung“. In seinem Vortrag „Auswertung organischer Festkörperspurdetektoren mit einer Funkenkammer“ beschrieb *G. Streubel* ein routinemäßiges Auswerteverfahren für mit schnellen Neutronen bestrahlte Polycarbonatfolien.

G. Pretzsch („Einfluß des elektrochemischen Ätzprozesses auf die Lichttransmission von Festkörperspurdetektoren“) ging dann auf eine andere Möglichkeit der automatischen Auswertung von Festkörperspurdetektoren ein. *F. Spurny* verglich in seinem Vortrag „Berechnung der Energie- und Richtungsabhängigkeit von Festkörperspurdetektoren für den Neutronennachweis“ experimentell ermittelte mit berechneten Werten. Mit Problemen der Neutronendosimetrie und Neutronenspektrometrie befaßte sich auch die Vorträge „Zu einigen Problemen der Neutronendosimetrie“ (*R. Giessing*), „Möglichkeit der Benutzung von Albedodosimetern in der Umgebung des Protonenbeschleunigers“ (*D. Nikodemová, M. Fülöp, A. Hrabovcová, P. Galan, Z. Spurny*) und „Beitrag zur Bestimmung von Neutronenspektren bei Neutronengeneratoren aus Aktivierungsmessungen“ (*A. Hrabovcová, P. Galan, D. Nikodemová*). Experimentelle Ergebnisse an einem Schwellwertsystem wurden im Vortrag „Messung von Schwerionen mit chemischen Detektoren“ (*K. Hübner, G. Erzgräber, K. Eichhorn*) dargestellt. Zum Thema „Mathematische Modellierung in der Strahlenschutzmeßtechnik“ sprach *V. Schuricht*, wobei nach einem kurzen Überblick bisherige Beiträge des Wissenschaftsbereiches Strahlenschutzphysik vorgestellt wurden. Drei Vorträge behandelten die Problematik der Entwicklung neuer Halbleiterdetektoren aus binären Halbleiterverbindungen: „Binäre Verbindungen hoher Kernladungszahl und ihre Eignung als Kernstrahlungsdetektoren“ (*K. Prokert*), „Einfluß der Herstellungstechnologie auf die Eigenschaften von HgJ_2-Detektoren“ (*N. Eiteljörge, K. Prokert, P. Klinger*) und „Einschätzung der Eigenschaften von HgJ_2-Detektoren durch Messung des Detektorstromes“ (*U. Braatz, N. Eiteljörge*).

„Optimale Wandstärke von Detektoren für die Dosimetrie von Gammastrahlung“ (*K.-H. Weber, S. Laube*) und „Zur Möglichkeit der Gamma-Dosismessung mit Si-Halbleiterdetektoren im Zählbetrieb“ (*G. Nentwig, K. Schwerd*) lauteten die Themen der Vorträge über die Dosimetrie von Photonenstrahlung. Im Vortrag „Anforderungen an gammaspektrometrische Meßverfahren zur Umgebungsüberwachung von Kernanlagen“ (*J. Fietz, B. Knobus*) wurde die Eignung verschiedener Detektortypen für die unterschiedlichen Meßaufgaben diskutiert. *V. Ringel* referierte über „Notwendigkeit und Möglichkeiten für die Untersuchung der Ausbreitung radioaktiver Aerosole in geschlossenen ventilierten Räumen“. In den Vorträgen „Probenspektrometrie für die Inkorporationsanalyse im SAAS“ (*V. Lösner*) und „Optimierung von Parametern großflächiger Proportionalzähler zum in-vivo-Nachweis niederenergetischer Quantenstrahlung — Experimentelle Ergebnisse“ (*H. Klucke*) wurde die im SAAS vorhandene Meßtechnik für Bioprobenanalysen vorgestellt.

Der Themenkomplex „Internationale Organisationen und Strahlenschutz“ befaßte sich mit der Struktur und den Aufgaben der WHO und IAEA (*W. Hake*, vorgetragen von *Ch. Fasten*), der ICRP und ICRU (*K. Hübner*) und der IRPA (*V. Schuricht*). Der Vortrag „Einige Aspekte der wissenschaftlichen Tätigkeit der RGW-Organe auf dem Gebiet des Strahlenschutzes“ (*W. Hake*, vorgetragen von *Ch. Fasten*) bildete den Abschluß dieser Thematik.

Zum Schluß wurden zwei Vorträge mit freier Thematik gehalten. *K.-H. Weber* berichtete über Abschätzungen zur „Alpha-Energie-Deposition im Gewebe unter Berücksichtigung der Selbstabsorption in Fallout-Partikeln“, und *K.-H. Lüder* stellte die „Näherungsweise Berechnung des relativen Dosisverlaufes im menschlichen Körper bei Aufenthalt in der radioaktiven Spur“ vor.

Die 12. Winterschule „Strahlenschutzphysik“ wird voraussichtlich im März 1980 wieder in Gaußig stattfinden.

Eingegangen am 4. 4. 1979

N. Eiteljörge

Informationen

Österreich. Vom 11.—14. September 1979 findet in Innsbruck die 17. Internationale Jahrestagung der österreichischen Gesellschaft für Nuklearmedizin statt.

Die Tagung, die mit einer *G. v. Hevesy*-Gedächtnisvorlesung eröffnet wird, steht unter dem Generalthema „Die klinische Relevanz der Nuklearmedizin“.

Übersichtsbeiträge:

- Meßmethoden, Instrumentierung und Datenverarbeitung;
- Fortschritte in der Radiopharmakologie und -biologie;
- Emissionscomputertomographie und Zyklotron;
- Probleme und Möglichkeiten der nuklearmedizinischen Fachausbildung;
- vorläufige Mitteilungen über rezente Arbeiten in der Nuklearmedizin

sowie Vorträge zu den Themen Nuklearmedizin und

- Kardiologie und Angiologie;
- Endokrinologie;
- Onkologie;
- Neurologie und Neurochirurgie;
- Nephrologie und Urologie;
- Orthopädie und Rheumatologie;
- Pulmonologie;
- in-vitro-Methoden.

IAEA. Die Internationale Atomenergie-Agentur (IAEA) hat den Katalog ihrer Veröffentlichungen 1978/79 (PUB/CAT/1978/79) herausgegeben, in dem alle Publikationen aufgeführt sind, die im Zeitraum von 1958 bis Mitte 1978 erschienen und noch erhältlich sind. Veröffentlichungen, die nach der Herausgabe des Katalogs 1976/77 erfolgten, sind besonders gekennzeichnet.

Der Katalog besteht aus zwei Teilen:

1. Nach Sachgebieten geordnete Veröffentlichungen, unterteilt in Life Sciences; Nuclear Safety and Environmental Protection; Physics; Chemistry, Geology and Raw Materials; Reactors and Nuclear Power; Industrial Applications; Miscellaneous.

Es folgt der Index-Teil, gegliedert in Series Index, Alphabetical Indexes (Verzeichnisse der Publikationen in englischer, französischer, russischer und spanischer Sprache), IAEA Meetings Index.

IAEA. Unter dem Titel „Radioaktive Abfälle" hat die Internationale Atomenergie-Agentur (IAEA) eine allgemeinverständliche, sehr gut illustrierte Broschüre über die Probleme und den derzeitigen Stand der Bearbeitung und Lagerung (einschließlich Endlagerung) radioaktiver Rückstände verschiedener Art veröffentlicht.

Die Broschüre ist in folgende Abschnitte gegliedert:

Arten des radioaktiven Abfalls (Abfälle aus Reaktoren, Abfälle aus Wiederaufarbeitungsanlagen, Abfälle aus der Stillegung von kerntechnischen Anlagen, Lagerung und Transport abgebrannter Brennelemente); Endlagerung (vor allem hochaktiver Abfälle) in geologischen Formationen (Sicherheit von Lagerstätten in geologischen Formationen, internationale Aspekte, Endlagerung anderer Abfälle); Öffentliche Streitfragen; Praktische Durchführung eines Entsorgungsplanes; Anhang (Übersicht über den heutigen Stand der Entsorgung von hochradioaktivem Abfall, Bibliographie, Veröffentlichungen der IAEA über den Umgang mit radioaktivem Abfall).

IAEA/Kanada. Vor über 20 Jahren (August 1958) wurden auf dem Gelände der Chalk-River-Kernforschungsanlage der AECL, Ontario, Kanada, fünfundzwanzig Glasblöcke mit eingeschmolzenen hochaktiven Rückständen, wie sie bei der Wiederaufarbeitung abgebrannter Brennelemente anfallen, vier Meter tief in einer wasserführenden Erdschicht eingegraben, um den zuverlässigen Abschluß der Rückstände unter diesen Bedingungen zu testen. Im Oktober 1978 wurde einer dieser Glasblöcke ausgegraben und im Whiteshell-Kernforschungszentrum (Manitoba, Kanada) hinsichtlich seiner physikalischen und chemischen Eigenschaften untersucht. Es konnten nur — wenn überhaupt — geringfügige Veränderungen ermittelt werden. Zusammenfassend wurde festgestellt, daß sich die verglasten radioaktiven Rückstände unter dem Einfluß des Grundwassers als genauso unlöslich erwiesen haben wie festes Granitgestein.

Buchbesprechungen

Introduction to Radioanalytical Physics

G. Deconninck. Budapest 1978. 242 S., div. Abb. u. Tab., Ln Ft 390,—

Im ersten Band der Reihe „Nukleare Analysenmethoden" des Akademie-Verlages Budapest gibt *G. Decominck* in 6 Kapiteln eine Einführung in die physikalischen Grundlagen von teilchen- bzw. photoneninduzierten Kernreaktionen, die mit der Verfügbarkeit geeigneter Spektrometer im Verlaufe der letzten 10 Jahre zunehmend als neue Techniken der Elementanalyse an Bedeutung gewonnen haben.

Zunächst diskutiert der Autor Kinematik, Reaktionsmechanismen und Wirkungsquerschnitte von Kernreaktionen geladener Teilchen und energiereicher Photonen, um in den anschließenden Kapiteln die wichtigsten Wechselwirkungseffekte geladener Teilchen mit Materie zu besprechen. Die Nutzungsmöglichkeiten von straggling-Effekten zur Tiefenprofilbestimmung sowie der charakteristischen Röntgenstrahlung zur Elementgehaltsbestimmung werden eingehend beschrieben.

Den Grundlagen von Rückstreutechniken schwerer geladener Teilchen zur Oberflächenanalyse in bezug auf schwere Atome ist ebenso ein spezielles Kapitel gewidmet, wie der γ-Emission infolge Resonanzreaktionen oder γ-Streuung als Möglichkeiten der Oberflächen- und Spurenanalyse sowie Tiefenprofilbestimmung.

Darlegungen zur Bestimmung von Konzentrationsprofilen für leichte Elemente mit Hilfe der charakteristischen Teilchenspektren der Folgeprodukte von Kernreaktionen mit langsamen geladenen Projektilen beschließen die Grundlagenkapitel.

Abschließend werden im 6. Kapitel Anwendungsmöglichkeiten der besprochenen Kernreaktionen als analytische Methode resümiert und wichtige Beispiele aus verschiedenen Disziplinen vorgestellt.

Das vorliegende Buch zeichnet sich durch Klarheit und Übersicht in der Darstellung aus. Es ist für Ingenieure, Physiker, Biologen, Chemiker und Metallurgen gedacht, ohne Spezialkenntnisse der Kernphysik vorauszusetzen.

J. Leonhardt

Ion-Selective Electrodes

E. Pungor (Ed.). Akademiai Kiado, Budapest 1978. 612 S., div. Abb. u. Tab.; Leinen Ft 720,—

Der vorliegende Band enthält den Text aller Vorträge, die auf der Konferenz über ionenselektive Elektroden vom 5.—9. September 1977 in Budapest gehalten wurden.

In den 7 Plenarvorträgen, für die anerkannte Spezialisten gewonnen werden konnten, wurden die aktuellen Probleme und Entwicklungstendenzen dieses sich in rascher Entwicklung befindlichen Teilgebietes der Elektrochemie sowohl vom theoretischen Standpunkt als auch anwendungsorientiert diskutiert. Die unterschiedlichen Möglichkeiten für die Ausbildung von Potentialen an blockierten und nichtblockierten Phasengrenzflächen wurden systematisch verglichen. Elektroden für die potentiometrische Bestimmung des pH bei hohen Temperaturen, neue Entwicklungen von Membranelektroden auf organischer Basis, Eichprobleme bei Verwendung von konventionellen Aktivitätskoeffizienten in reinen und gemischten Lösungsmitteln und die Anwendung von ionenselektiven Elektroden bei der Analysentechnik stehen im Mittelpunkt.

In den 47 Diskussionsbeiträgen wurden hauptsächlich analytische Anwendungsbeispiele behandelt. Dabei finden auch automatische Systeme und neuentwickelte Elektroden neben klassischen Elektrodenkonstruktionen die gebührende Aufmerksamkeit. Der Charakterisierung von Elektroden und der Aufklärung von Transportmechanismen in den einzelnen Phasen sind weitere Arbeiten gewidmet.

Dieses Buch ist sowohl für Analytiker und Verfahrensentwickler als auch für diejenigen von großem Interesse, die sich mit der Theorie ionenselektiver Elektroden und Phasenübergangsreaktionen befassen.

H. Kelm

chosen for the quantitative determination of oxidic inclusions and for the identification of their origin (e.g. from refractory furnace lining, tap hole, runner, ladle or mold slag). Problems of tracers (kind, quantity, state, activity), of the labelling method suitable for the various origins of inclusions, of sampling, of chemical processing of sampled material, as well as of radiometric measuring techniques (including possible activation) have been discussed. Finally, a method for the determination of inclusions arising with the deoxidation of steel is briefly outlined.

J. Siewierski, H. Kolaski, H. Firganek

Radioautographic Investigation of the Solidification of Forging Grade Ingots

Isotopenpraxis **15** (1979) No. 6, p. 160 to 164
12 Fig., – Tab., 6 Ref.

The solidification process of two steel St 35 ingots, one of them being 11 tons in weight and octagonal (older type), the other being 12 tons and dodecagonal, has been compared. The investigation performed by means of ^{110m}Ag as a radioisotope covered the whole volume of the ingots.
The movement of the crystallization face within the ingot in precise intervals of 20, 60, and 120 minutes, starting after the ingot had been filled, as well as the growth of the ingot skin in horizontal and vertical direction as a function of time have been determined. The coefficients for the solidification of ingots in horizontal direction as well as for the volumes of liquid steel 20, 60, and 120 minutes after the conclusion of the casting process, have been calculated.

E. Fenyvesi, S. Szeiman

Investigations on Metal Flow and Impurities in Connection with Casting Crankcases Performed by Means of Radioisotopes

Isotopenpraxis **15** (1979) No. 6, p. 164 to 166
6 Fig., – Tab., – Ref.

G. Krueger

Application of Radiotracer Techniques for the Investigation of the Distribution of Trace Elements in Copper Metallurgy

Isotopenpraxis **15** (1979) No. 6, p. 167 to 169
– Fig., 3 Tab., – Ref.

The application of radiotracer techniques for the investigation of the distribution of arsenic and tellurium among the various products of the converter and the refining process is reported.
While the operations, such as labelling, sampling and measuring are outlined, the results of measurements are presented and an estimation of the suitability of this technique for such investigations is made.

W. Boehme, J. Holzhey

Investigation of Flow and Solidification Processes in Continuous Aluminium Casting

Isotopenpraxis **15** (1979) No. 6, p. 169 to 171
6 Fig., – Tab., – Lit.

Relative to broad strip cast rolling (Hunter plant) and to narrow strip cast rolling (Rotary plant) of aluminium, investigation were performed by means of ^{198}Au as a radioactive isotope, which aimed at qualitative and quantitative improvement of the production of semi-finished aluminium products. It is shown that radioautography is a method suitable to solve problems, such as optimum performance of casting tracts or the determination of the most advantageous casting parameters. A comparison of radioautographs with metallographic representations shows that the former even yield better interpretation of differences in metal structure, which makes them superior with regard to such investigations.

T. S. Urbański, M. Strzelecki, K. Zwolinski, K. Malex-Czechowska

Use of Radioisotopes for the Solution of Hydrometallurgical Problems in Aluminium and Copper Extraction

Isotopenpraxis **15** (1979) No. 6, p. 171 to 174
5 Fig., 1 Tab., – Ref.

Были выбраны оптимальные методы количественного определения окисных включений, а также выявления их происхождения (напр. из огнеупорной футеровки печей, леток, желобов, литейных ковшей или кокильного шлака).
Обсуждаются проблемы индикаторов (вида, количества, состояния, активности), соответствующего различным причинам возникновения включений метода мечения, взятия проб, химической обработки материала проб и метода радиометрического измерения (включая возможной активации).
В заключении коротко излагается метод определения возникающих в связи с раскислением стали включений.

И. Сивирский, Х. Колаский, Х. Фирганек

Авторадиографическое исследование затвердевания поковок

Isotopenpraxis **15** (1979) вып, 6. стр. 160 до 164
12 рис., – табл., 6 лит.

Процесс затвердевания двух блоков из стали марки ст. 35, из которых один был весом 11 тн. и 8-гранный (старый тип), а второй – весом 12 тн. и 12-гранный, был сопоставлен. Исследования, выполненные с помощью ^{110m}Ag в качестве радиоактивного изотопа, покрывало весь объем поковок.
Были определены движение фронта кристаллизации внутри поковки интервалами в 20, 60 и 120 минут начиная с момента заключения заполнения изложницы, а также рост корки поковки в горизонтальном и вертикальном направлениях в зависимости от времени.
Расчетами были определены коэффициент затвердевания поковок в горизонтальном направлении, а также объемы жидкой стали за 20, 60 и 120 минут по заключению процесса отливки.

Е. Фенивешь, С. Сейман

Исследования по потоку и загрязнению металлов при отливке картеров с помощью радиоактивных изотопов

Isotopenpraxis **15** (1979) вып. 6, стр. 164 до 166
6 рис., – табл., – лит.

Г. Крюгер

Применение радиоиндикаторной техники для исследования распределения микроэлементов в связи с расплавкой меди

Isotopenpraxis **15** (1979) вып, 6. стр. 167 до 169
– рис., 3 табл., – лит.

Докладывается о применении радиоиндикаторной техники для исследования распределения мышяка и теллура между отдельными продуктами конвертерного и очистительного процессов. Подробно обясняются отдельные операции, как мечение, отбор проб и измерение, приводятся результаты измерений и дается оценка о пригодности данного способа для таких исследований.

В. Беме, И. Хольцхей

Исследования процессов течения и затвердевания в связи с беспрерывной отливкой алюминия

Isotopenpraxis **15** (1979) вып. 6, стр. 169 до 171
6 рис., – табл., – лит.

В связи с широкополосной сливной прокаткой (система Хантера) и с узкополосной сливной прокаткой (система Ротари) алюминия с использованием радиоактивного изотопа ^{198}Au были выполнены исследования, направленные на качественное и количественное совершенствование производства по этим системам алюминевых полуфабрикатов. Показывается, что авторадиография является методом, пригодным для решения проблем, как оптимального оформления отливочного тракта или определения наиболее выгодных отливочных параметров. Сопоставление авторадиограмм и металлографических изображений показывает, что авторадиография также позволяет лучше интерпретировать расхождения в структуре металлов, так что она превосходит другие методы по показательности ее результатов.

Т. С. Урбанский, М. Щелецкий, К. Зволинский, К. Малекс-Чеховска

Использование радиоактивных изотопов для решения гидрометаллургическких проблем экстракции алюминия и меди

Isotopenpraxis **15** (1979) вып. 6, стр. 171 до 174
5 рис., 1 табл., – лит.

The use of radioisotope methods for the investigation of hydrodynamic processes in multiphase hydrometallurgy is described. The extraction of copper from copper concentrates with the aid of ferrous sulfate solution, the desilication of sodium aluminate (when producing Al_2O_3 to the Grzymek method) and the relevant equipment are considered. Further investigations cover the hydrodynamics of the solid phase in a multistage plant for continuous ammonia hydrolysis of alkaline aluminium-ammonium vitriol (when producing $Al_2O_3 \cdot 7\,H_2O$). Furthermore, some laboratory investigations on copper extraction from waste material by means of liquid-liquid extraction are described.

Излагается дело использования радиоизотопных методов для исследования гидродинамических процессов в гидрометаллургии. Рассматриваются экстракция меди из концентратов с помощью раствора сульфата железа, процесс обескремнивания алюмината натрия (в связи с производством Al_2O_3 по методу Гжимека), а также необходимое для этого оборудование. Дальнейшие исследования велись применительно к гидродинамике твердой фазы в многоступенчатой аппаратуре для беспрерывного аммиачного гидролиза щелочного алюмино-аммониевого купороса (в связи с производством $Al_2O_3 \cdot 7H_2O$). Кроме того, описываются некоторые лабораторные исследования в отношении получения меди из вторичного сырья с помощью жидко-жидкостной экстракции.

J. Schwarzlose

Experience with Regard to Radiometric Density Gauging in Ore Dressing and Alumina Production

Isotopenpraxis 15 (1979) No. 6, p. 175 to 178
10 Fig., – Tab., – Ref.

The design of technical plants for continuous determination of the density of ore pulps and solutions by gamma-absorption is reported. Priority is given to practical aspects. The prerequisites for a reasonable utilization and for optimum design of the measuring system, as well as the measuring instruments themselves are discussed. In the past, large experience could be gathered with regard to the construction of density metering systems. These systems had been established using commercial instruments, which kept costs low. The results obtained are good, i.e. they are sufficient to cover the requirements of production. Thus, possibilities have been provided for continuous production control and for the automation of production sectors, which partially yielded considerable economic benefit.

И. Шварцлозе

Опыт по радиометрическому измерению плотности в обогащении руды и производстве глинозема

Isotopenpraxis 15 (1979) вып. 6, стр. 175 до 178
10 рис., – табл., – лит.

Докладывается о конструкции технических установок по беспрерывному определению плотности пульп и растворов методом поглощения гамма-излучения. В первую очередь рассматриваются практические вопросы. Обсуждаются необходимые предпосылки для разумного использования и оптимального оформления приборов, а также самы используемые приборы. В прошлом удалось набрать обширный опыт по созданию систем для измерения плотности. Данные системы были созданы из коммерческих приборов с относительно низкими затратами. Полученные результаты хорошие, т. е. достаточные для того, чтобы покрыть требования производства. Таким образом были созданы возможности беспрерывного контроля производства, а также автоматизации участков производства, что приводит к частично значительным экономическим выгодам.

E. Lehmann, G. Krueger

A Simple System of Instruments Allowing the Use of Radionuclide X-Ray Fluorescence Analysis in Non-Ferrous Metallurgy

Isotopenpraxis 15 (1979) No. 6, p. 179 to 181
5 Fig., 1 Tab., 4 Ref.

Proceeding from commercial instruments, a simple measuring system has been established, which renders possible fast and simple discontinuous analysis of individual elements. This measuring system is described, giving some examples of utilization in non-ferrous metallurgy (mining industries, ore dressing, metallurgical treatment), and specific details, such as error of measurement, ranges of measurement and limits of utilization are outlined.

Е. Леманн, Г. Крюгер

Простая система приборов для применения радионуклидного рентгенофлюоресцентного анализа в цветной металлургии

Isotopenpraxis 15 (1979) вып. 6, стр. 179 до 181
5 рис., 1 табл., 4 лит.

Исходя из коммерческих серийных приборов, была создана простая система приборов, позволяющая выполнить быстрый и простой прерывистый анализ отдельных элементов. Представляется данная система приборов, причем приводятся некоторые примеры использования ее в цветной металлургии (горном деле, обогащении и выплавке), и обясняются специфические детали, как-то погрешность измерения, пределы измерения и пределы областей применения.

B. Vorsatz, S. Simon, G. Szarka, M. Benkoe

Recent Results in the Application of Nuclear Methods in Iron Metallurgy

Isotopenpraxis 15 (1979) No. 6, p. 182 to 183
2 Fig., 4 Tab., – Ref.

The present work considers the determination of oxides, caused in steel in connection with the LD process, some new uses of activation-analytical oxygen determination, as well as the possibilities to determine some rare earths in iron alloys.

Б. Форсатц, С. Симон, Г. Жарка, М. Бенке

Новые результаты применения ядерных методов в черной металлургии

Isotopenpraxis 15 (1979) вып. 6, стр. 182 до 183
2 рис., 4 табл., – лит.

Настоящая работа рассматривает определение возникающих в связи с кислородной дувкой окисей в стали, некоторые новые области применения активационного анализа для определения кислорода, а также возможности использования некоторых редких земель в сплавах железа.

H. Foerster

Non-Destructive Oxygen Determination in Metals and Metallurgical Products Through Activation Analysis with 14 MeV Neutrons

Isotopenpraxis 15 (1979) No. 6, p. 184 to 186
1 Fig., 4 Tab., 15 Ref.

The present work deals with the fast activation-analytical determination of oxygen in non-ferrous metals and metallurgical products by means of the Hungarian NA-3 neutron generator. Experience gained with regard to the oxygen trace analysis in Al, Cu, Fe, Ag, Zr, Ni, Co, Nb, Ti and Cd are presented together with detection limits and accuracy. The oxygen distribution between surface and volume is studied. The method of oxide determination in a cryolite melt through precision analysis according to a tight regime with fluorine as inner standard is described.

Х. Ферстер

Определение кислорода без разрушения в металлах и металлургических продуктах путем активационного анализа с помощью нейтронов 14 кэв

Isotopenpraxis 15 (1979) вып. 6, стр. 184 до 186
1 рис., 4 табл., 15 лит.

Докладывается об экспрессном определении методом активационного анализа кислорода в цветных металлах и металлургических продуктах с помощью венгерского генератора нейтронов типа НА-3. Приводятся опыт и результаты анализа кислорода в Al, Cu, Fe, Ag, Zr, Ni, Co, Nb, Ti и Cd с указанием предела чувствительности и точности. Изучается распределение кислорода между поверхностью и объемом. Приводится метод определения в криолитной вайне путем выполнения по строгому временному режиму со фтором в качестве внутреннего стандарта окисей.

(Fortsetzung des Inhaltsverzeichnisses)

T. S. Urbański, M. Strzelecki, K. Zwoliński, K. Malex-Czechowska

Anwendung von Radioisotopen zur Lösung hydrometallurgischer Probleme bei der Aluminium- und Kupfergewinnung

Isotopenpraxis 15 (1979) H. 6, S. 171 bis 174
5 Abb., 1 Tab., – Lit.

Es wird die Anwendung von Radioisotopenmethoden zur Untersuchung hydrodynamischer Vorgänge in mehrphasigen Prozessen der Hydrometallurgie dargestellt.
Untersucht wurden die Extraktion des Kupfers aus Kupferkonzentraten mit Hilfe einer Eisensulfatlösung, der Entkieselungsprozeß von Natriumaluminat (bei der Herstellung von Al_2O_3 nach dem *Grzymek*-Verfahren) und die dazugehörige Apparatur. Weitere Untersuchungen galten der Hydrodynamik der festen Phase in einer mehrstufigen Apparatur zur kontinuierlichen ammoniakalischen Hydrolyse des alkalischen Aluminium-Ammonium-Vitriols (bei der Herstellung des $Al_2O_3 \cdot 7\ H_2O$). Außerdem werden einige Laboruntersuchungen über die Kupfergewinnung aus Abfallrohstoffen mit Hilfe der Flüssig-Flüssig-Extraktion beschrieben.

J. Schwarzlose

Erfahrungen mit der radiometrischen Dichtemessung in der Erzaufbereitung und Tonerdefabrik

Isotopenpraxis 15 (1979) H. 6, S. 175 bis 178
10 Abb., – Tab., – Lit.

Es wird über den Aufbau technischer Anlagen zur kontinuierlichen Bestimmung von Dichtewerten an Truben und Lösungen nach dem Gammaabsorptionsverfahren berichtet.
Im Vordergrund stehen praktische Gesichtspunkte. Behandelt werden notwendige Voraussetzungen für den sinnvollen Einsatz, die optimale Gestaltung der Meßanordnung und die eingesetzten Geräte.
In der Vergangenheit konnten beim Aufbau von Dichtemeßanlagen zahlreiche Erfahrungen gesammelt werden. Diese Anlagen wurden bei relativ geringem Kostenaufwand mit handelsüblichen Geräten aufgebaut. Die erzielten Ergebnisse sind gut und genügen den betrieblichen Forderungen. Damit wurden Möglichkeiten zur ständigen Produktionsüberwachung und zur Automatisierung von Produktionsabschnitten mit teilweise erheblichem ökonomischem Nutzen geschaffen.

E. Lehmann, G. Krüger

Einfaches Gerätesystem zur Anwendung der Radionuklid-Röntgenfluoreszenzanalyse in der NE-Metallurgie

Isotopenpraxis 15 (1979) H. 6, S. 179 bis 181
5 Abb., 1 Tab., 4 Lit.

Aufbauend auf handelsüblichen, serienmäßig produzierten Geräteeinheiten wurde ein einfaches Gerätesystem geschaffen, das eine schnelle und einfache diskontinuierliche Analyse einzelner Elemente ermöglicht. Dieses Gerätesystem wird anhand einiger Anwendungsbeispiele aus der NE-Metallurgie (Bergbau, Aufbereitung und Verhüttung) vorgestellt und spezifische Details, wie Meßfehler, Meßbereiche und Anwenddungsgrenzen, erläutert.

B. Vorsatz, S. Simon, G. Szarka, M. Benkö

Neuere Ergebnisse bei der Anwendung nuklearer Verfahren in der Schwarzmetallurgie

Isotopenpraxis 15 (1979) H. 6, S. 182 bis 183
2 Abb., 4 Tab., – Lit.

Der Beitrag behandelt die Bestimmung der beim Sauerstoffaufblasverfahren entstehenden Oxide im Stahl, einige neuere Anwendungen der aktivierungsanalytischen Sauerstoffbestimmung und die Bestimmungsmöglichkeiten einiger Seltener Erden in Eisenlegierungen.

H. Förster

Zerstörungsfreie Sauerstoffbestimmung durch Aktivierungsanalyse mit 14-MeV-Neutronen in Metallen und metallurgischen Produkten

Isotopenpraxis 15 (1979) H. 6, S. 184 bis 186
1 Abb., 4 Tab., 15 Lit.

Ein Bericht über die aktivierungsanalytische Schnellbestimmung des Sauerstoffs in NE-Metallen und metallurgischen Produkten mit dem ungarischen Neutronengenerator vom Typ NA-3. Übermittlung von Erfahrungen und Ergebnissen bei der Spurenanalyse des Sauerstoffs in Al, Cu, Fe, Ag, Zr, Ni, Co, Nb, Ti und Cd unter Angabe der Nachweisgrenze und Genauigkeit. Studium der Verteilung des Sauerstoffs zwischen Oberfläche und Volumen. Aufzeichnung der Oxidbestimmung im Kryolithbad durch Präzisionsanalyse nach einem strengen zeitlichen Regime mit Fluor als innerem Standard.

FSC
www.fsc.org
MIX
Papier | Fördert gute Waldnutzung
FSC® C083411

Zeitfracht Medien GmbH
Ferdinand-Jühlke-Straße 7
99095 Erfurt, Deutschland
produktsicherheit@kolibri360.de